养鱼，这一本就够了

李子涵 编著

敦煌文艺出版社

图书在版编目（C I P）数据

养鱼，这一本就够了 / 李子涵编著 . -- 兰州 : 敦煌文艺出版社，2022.8
ISBN 978-7-5468-2207-5

Ⅰ . ①养… Ⅱ . ①李… Ⅲ . ①鱼类养殖 Ⅳ . ① S96

中国版本图书馆 CIP 数据核字 (2022) 第 140857 号

养鱼，这一本就够了
李子涵　编著

责任编辑：李恒敬
封面设计：仙　境

敦煌文艺出版社出版、发行
地址：(730030)兰州市城关区曹家巷 1 号新闻出版大厦
邮箱：dunhuangwenyi1958@163.com
0931－2131601（编辑部）
0931－8773112　0931－2131387（发行部）

运河（唐山）印务有限公司印刷
开本　710 毫米 × 1000 毫米　1/16　　印张 14.5　　字数 100 千
2022 年 8 月第 1 版　2022 年 8 月第 1 次印刷
印数　1～20 000 册

ISBN 978-7-5468-2207-5
定价：52.00 元

目录 CONTENTS

第一章　人人都爱观赏鱼

第二章　鱼的多样种类，让你体验不同乐趣

第三章　为鱼儿设计一个舒适的家

第四章　要想鱼养好，设备很重要

第五章　养鱼先养水，水质有讲究

第六章　鱼儿也要科学喂养

第七章　观赏鱼生宝宝了怎么办?

第八章　科学养护，做爱鱼的守护者

第九章　求医不如求己，治病不如防病

Part

1

人人都爱观赏鱼

养鱼也是有历史的

 观赏鱼的养殖起自何时？

观赏鱼的养殖由来已久。据史料记载，最早进行观赏鱼饲养的可能是古埃及人，他们主要饲养冷水鱼，将冷水鱼放入玻璃缸用于观赏。冷水鱼比较好饲养，但它们繁殖缓慢，遗传变异的概率也较小。

10 世纪左右，我国宋朝开始进行有色观赏鱼的繁育，并逐渐形成规模。

16 世纪的欧洲，玻璃缸养观赏鱼开始流行。到了 19 世纪，公共的水族馆在欧洲出现。

19 世纪末期，第一个观赏鱼养殖者俱乐部在美国成立。与此同时，因为热带鱼的色彩比冷水鱼更加炫耀，美国上层社会将热带鱼从南美洲的亚马逊河引进到北美洲，热带鱼的养殖开始流行起来。

20 世纪初，电气化的发展带动了电器设备的推陈出新，安全性能很高的电加热水族箱得以问世。

20 世纪 30 年代，观赏鱼的养殖随着养殖俱乐部的振兴得以传遍欧美大陆。

20 世纪 40 年代末期，欧美地区举办了第一次观赏鱼展览。

随着饲养技术地不断完善与提高，更多的人也加入了观赏鱼养殖者的行列，与此同时，越来越多的野生观赏鱼也因为不断地被开发而进入了家庭饲养。

金鱼的养殖起自何时？

中国是金鱼的起源地，有着悠久的金鱼文化。

金鱼又叫金鲫鱼。据古籍记载，最早出现野生红黄色鲫鱼的地方为晋朝时的庐山西林寺，因为金鱼体色特别，为时人所注意，于是附近一些地方逐渐开始养殖金鱼。

金鱼

金鱼的饲养经历了很长的发展过程，大致可以归结为：野生——放生——半家养化——家养化——人工选种及杂交。

东汉时期，印度僧人叶摩腾和竺法蓝来我国传授佛经，在洛阳建了白马寺，寺中有放生池，是目前已知最早的放生池。

唐朝时，放生普遍流行，各地建造了大量放生池。罕见的金黄色鲫鱼被赋予了神话的寓意，为放生者青睐。被放生的鲫鱼，在人们的保护（含投喂食物）之下，过着半家养化的生活。

到了南宋，为了适应社会上养鱼的需要，开始出现了专门从事金鱼饲养工作的人，被称作“鱼儿活”。家养化的金鱼，因为环境的缘故，避免了与野生鲫鱼杂交，变异的形状更加易于保持，于是从金黄色之外，逐渐又产生了银白、花斑等颜色。

明代中后期，盆养金鱼已非常普遍，金鱼的鉴赏与研究也相当成熟，明神宗就是著名的金鱼鉴赏家，并经常组织金鱼的品评活动。

随着人们对金鱼的深入研究，金鱼的饲养技术也日渐进步。

20 世纪初期，随着遗传学的发展，人们开始进行金鱼的杂交培育。

直至今日，金鱼的饲养技术仍在不断地发展和进步。

我国金鱼的养殖首先是传入东邻日本，而后逐渐传到世界各地。

日本著名水产专家松井佳一教授研究金鱼数十年，他在其所著《金鱼大鉴》中详细叙述了公元 649 ~ 765 年间，中日两国使者往来频繁，日本遣唐使亲眼看到中国饲养金鱼的情况：指出中国金鱼是在日本德川时代，即 17 世纪初叶前后分多次传入了日本。

金鱼从中国传入日本后，在新的环境和饲养管理条件下，继续发生变异，经过长期努力，日本养鱼者培育出有别于中国风格的和金、琉金、地金、朱文锦、秋锦、江户锦、蓝畴、荷兰狮子头等许多品种，形成别具一格的日本金鱼，使日本和中国一起成为世界上两个主要的养殖金鱼的国家。

狮头金鱼

随后，中国金鱼又传入欧美各国，为中国与世界各国的文化交流作出了巨大的贡献。

锦鲤的养殖起自何时？

锦鲤是鲤鱼的变种，体色艳丽，光鲜似锦，有红、白、金、黄、紫、蓝、黑色等颜色，花纹千变万化，是较大型的观赏鱼类。

锦鲤的祖先是我们常见的食用鲤，原始品种为红色鲤鱼，由中国传入日本后成为观赏鱼。

大约在公元 1804 ~ 1829 年间，日本人在新泻县的山涧饲养的食用鲤有的突变成具有颜色的鲤鱼。根据鲤鱼容易变异这个特点，日本人采取人工选择、交配、培育等方法，逐渐改良培育出绯鲤、浅黄和别光等品种。

19 世纪初，日本贵族流行将锦鲤移入庭院的水池中放养，供观赏，因此锦鲤又称“贵族鲤”。普通平民没有条件赏玩，所以又把它称为“神鱼”，为其蒙上神秘的色彩。

早期的锦鲤被称为“色鲤”“花鲤”“模样鲤”和“变种鲤”等。日本人认为锦鲤有着雄浑有力的体态，而“色”“花”等字眼的含义过于暧昧软弱，因此后改称其为“锦鲤”。锦鲤也被誉为日本的“国鱼”。

随着外交往来和民间交流，锦鲤逐渐为世界各国的鱼类爱好者所熟知。尽管锦鲤的发祥地在日本，但在我国，因鲤鱼有吉祥的寓意，而锦鲤的颜色艳丽，同样受到人们的喜爱，有着“风水鱼”“好运鱼”“观赏鱼之王”等称号。

锦鲤

热带鱼

热带鱼的养殖起自何时？

所谓热带鱼，就是原产于热带地区的鱼类，包括热带淡水鱼和热带海水鱼，还包括部分亚热带地区的鱼，现在多指生活于南、北温带及热带地区具有观赏价值的鱼类。

目前人们广泛饲养的观赏鱼多为热带淡水鱼。

此外，一些海水鱼或生活于入海口水域的鱼类，经过人们长期的驯化，渐渐习惯淡水生活，也被人们视为淡水鱼。

有学者推测，早在古埃及时期和罗马时期，人类就开始饲养观赏热带鱼。

有文献记载的最早饲养热带鱼的国家是法国。公元 1868 年，育种家卡蓬尼尔将一种淡水热带鱼起名为极乐鱼，并带到巴黎。这种鱼是我国华南地区野生的一种叉尾斗鱼，便是我们经常说的“国斗”。

此后，英美地区相继开始饲养热带鱼。二战之后，各国相继成立了热带鱼养殖协会，热带鱼的养殖得到迅速发展。

在我国宋朝时候就有观赏斗鱼的记载。

我国真正饲养热带鱼始自 20 世纪 30 年代，先是在比较开放的上海和广州地区，而后逐渐发展到全国各地。

地球上有两万多种鱼类，在世界各地作为观赏的热带鱼就有 2000 多种，其中常见的鱼约有几百种，我国已引进饲养的鱼约有 60 种。

热带鱼的主产地为东南亚、中美洲、南美洲和非洲等地；其中以南美洲的亚马逊河水系出产的种类居多，形态、色泽也最为美观，亚马逊河也因此被称为热带鱼宝库。

中美洲多出产花鳉科的热带鱼。

东南亚的印度尼西亚、泰国、马来西亚等地也出产不少热带鱼。

叉尾斗鱼

非洲则多出产高级品种的热带鱼。

我国的广东省、云南省等地也有一些观赏价值很高的品种，如广州的白云金丝鱼、西双版纳的蓝星等。

多数热带鱼原产于热带地区，一般要求在20℃以上的水温饲养。还有一些原本并不产于热带地区，而是产于亚热带甚至温带地区的品种，人们有时也将其称为热带鱼。热带鱼具有种类多，个体小，生命周期短，繁殖周期快等特点，其形态多样，色泽艳丽，广泛受到人们的喜爱。当然，并不是所有的热带鱼都生活在天然水域，许多美丽的热带鱼都是人们千百年来通过不断地优选、杂交和定向培育而获得的新品种，这更加提高了其观赏性和稳定性。

龙鱼的养殖起自何时？

龙鱼，在国内被称为“龙鱼”，在中国香港被称为“龙吐珠”，在中国台湾则被称为“龙带”。在日本则被称为“银大刀鱼”或“银船鱼”，但该种表述在西班牙语中，则是“长舌”的意思。

龙鱼是一种古代鱼类，历史悠久，远在350万年前的太古石炭纪就已存在了，堪称是观赏鱼类的活化石。由于地壳运动和大陆架的迁移，龙鱼的分布广泛，目前亚洲、南美洲和澳洲等地都是其主要的生活区域。

亚洲龙鱼的原产地在马来西亚、印度尼西亚、缅甸、越南、柬埔寨等地的湖川。

其中生长在东南亚的亚洲龙鱼是唯一受“濒临绝种野生动植物的品种国际条约”保护的龙鱼类，因而格外珍贵。

东南亚出产的龙鱼种类繁多，主要以其鳞片的色彩命名，包括红龙、橙红龙、黄金龙、白金龙、青龙、过背金龙等。

金龙鱼

黄金龙鳞片边缘会显现出黄金色光泽；白金龙鳞片呈现白金色；红龙幼鱼和成鱼的色彩略微不同，幼鱼鳞片细小，为白色微红，但长成成鱼后，鳃盖边缘的红色变为深浓，鱼的舌头也出现红色；青龙的鳞片为青色，如果有部分呈紫色斑块，则相对名贵，青龙的体型比其他种类的龙鱼短，鳞片较厚，侧线特别显露，可用人工繁殖法进行繁殖。

南美洲出产的龙鱼有银龙、黑龙。银龙的鳞片巨大，为半圆形状，呈粉色，鱼体色有钴蓝色、蓝色、青色。

银龙原产地在南美洲的亚马逊盆地、玛兰韵河、乌卡亚利河等地。1829 年，由鱼类研究学家温德理博士在南美洲亚马逊流域中发现。

黑龙体型和银龙差不多，成鱼稍呈银色，但体型稍大时，会趋向黑色带紫色和青色，有金色带。黑龙原产于南美洲里约尼格罗河与布兰扣河，被发现的时间比较晚，直到 1966 年才被发现。

由于南美地区的野生资源十分丰富，这两种龙鱼生长繁殖容易，加上该地区的贸易不受《华盛顿公约》的限制，能够自由贸易，因此在全世界范围内都广受欢迎。

澳大利亚及新几内亚地区的龙鱼有两种，即星点斑纹龙鱼和星点龙鱼。星点斑纹龙鱼又称珍珠澳洲龙鱼，原产地在澳洲的渣甸河、阿德雷德河及靠近帝汶海的河流以及新几内亚地区。星点龙鱼于 1844 年被发现，原产于澳洲的费兹莱河流域。这两种龙鱼的体型都较小，口部尖，体色为黄金色中带银色，鳞片是半月形状，鳃盖边少许金边。它们也是不受《华盛顿公约》保护的龙鱼种类。

海水鱼的养殖起自何时？

海洋鱼类中有许多美丽的鱼类可以在水族箱中饲养，供人们养殖与欣赏，这些鱼也被称为海水观赏鱼。

早在很久以前，脊椎动物在海洋里孕育而生。海水鱼作为海洋生态的重要组成部分，也早早就活跃在地球上。

海水观赏鱼类在海洋中的垂直分布，主要从潮间带一直延伸到较深的海域中。海洋鱼类的地理分布受海水温度影响，以 25℃～29℃的暖水海域里最多。印度洋和太平洋一带的珊瑚礁海域是最适合海水观赏鱼生长的海域，尤其是从红海、印度洋到澳大利亚北部、玻利维亚及新几内亚到澳洲的昆士兰一带。另外，西印度洋及加勒比海一带、华南沿海、南海海域及台湾海峡的海水观赏鱼也十分丰富。

目前，海水鱼的已知品种达到上千种，被人类饲养的品种有 200 余种。海水鱼有着极高的观赏和研究价值，其体色鲜艳，五彩斑斓，外形奇特，习性多样有趣，同时，由于海洋生物的多样性，其造型也更加丰富别致。

宝石魔鱼

种类繁多，观赏鱼如何分类？

人类饲养观赏鱼有着悠久的历史。随着人类文明的进步和水族事业的发展，观赏鱼的概念不断被赋予新的意义，观赏鱼的品种也日益繁多，对它的分类也形成了多种方式。

各种各样的观赏鱼

按照人们对观赏鱼的认知程度，我们可以将之分为常见观赏鱼与野生观赏鱼。

不同的观赏鱼对水温的要求差异很大。按照鱼体对温度的要求，我们可以将之分为热带观赏鱼、温水观赏鱼以及冷水观赏鱼。

由于生长环境的不同，观赏鱼对盐度的要求也不同。按照耐盐性，我们可以将之分为海水鱼、淡水鱼、咸淡水两栖鱼。

海水观赏鱼

主要指生活在近海和深海中的观赏鱼类，包括热带观赏鱼和一部分冷水观赏鱼。海水鱼对饲养条件要求极高，以前少有家庭饲养。近年来，随着生活质量的提高，养殖设施的发展，养殖技术及水处理技术的提高，海水鱼也渐渐成为家庭养殖的新宠。

海水观赏鱼

淡水观赏鱼

主要生活在淡水水域中。目前，人们广泛养殖的是热带淡水鱼，有些原本属于海水鱼的鱼类，经过长期的驯化培育，也可以在淡水生存，同样被视为淡水鱼。人们常见的金鱼、锦鲤等温水性观赏鱼都属于淡水观赏鱼。

咸淡水两栖鱼

主要生活在江河入海口的咸淡水交汇处。经过人为驯化后，很多品种可以在纯淡水中饲养或在纯海水中饲养。

此外，不同观赏鱼的经济价值也不相同，按其价值，我们可将之分为普通观赏鱼和名贵观赏鱼。

目前市面上常见的观赏鱼种类可综合分为以下几大类：金鱼、锦鲤、龙鱼、热带鱼、海水鱼、冷水鱼、古代鱼以及其他野生观赏鱼。

按照不同的分类方式，有很多不同的分类结果。在养殖观赏鱼时，只有弄清所选品种的生物学习性，才能拥有更好的养殖体验。

观赏鱼的体色为何丰富多彩?

观赏鱼的体色多彩斑斓，且富有变化，给人以直观的视觉体验，也是多数人爱养观赏鱼的直接原因。那么是什么原因让观赏鱼的体色如此鲜艳，其变化的原理又是什么呢。

科学研究发现，观赏鱼的真皮或鳞片上含有多种色素细胞，如黑色、红色、黄色等，这些色素细胞构成了观赏鱼的基本体色。色素细胞的不同组合，就形成了千变万化的颜色，如黑色与黄色的色素细胞结合，会呈现出绿色；红色与黄色的色素细胞结合，会呈现出橙色。鱼的体色实际上就是不同色素细胞组合的结果。

另外，在观赏鱼的细胞中，还有一种光彩细胞，也被叫作反光细胞，它是一种白色的结晶体，在光线的照射下，有着强烈的反光作用，鱼体上的白色或金属般的银色都是反光细胞作用的结果。黑色素细胞和光彩细胞组合，一般会呈现出蓝色。

不过，鱼的体色也不是一成不变的，会随着环境、年龄、健康状况的变化而变化，如受不同生长阶段的影响、受光线明暗的影响、受环境颜色的影响，甚至与其是否处于繁殖期都有关系。有的观赏鱼，到了繁殖季节，其体色会发生较大变化，变得比平时更加美丽动人，我们将这种变色称为“婚姻色”。

金鱼是观赏鱼的常见鱼种，它的体色变化具有很高的代表性，由于其皮层里含有的橘黄色素细胞、黑色素细胞和蓝色的反光层组织的色素增减而显现出艳丽的颜色。在金鱼每个不同的发育阶段，它身上的这些色素和反光层还会产生变化，有的加深，有的保留或者变淡，有的则会消失掉。

五颜六色的鱼

观赏鱼不同发育时期都叫什么名字?

自然界的所有生物，都会遵循从出生到长成的过程。在成长过程中，不同的阶段，个体所展现出的特征都有所不同。观赏鱼也是一样，从孵化到成年，每一个阶段都有着独特的魅力，这也是养殖观赏鱼的一大乐趣。

那么，在不同的发育时期，观赏鱼都有着哪些名字呢?

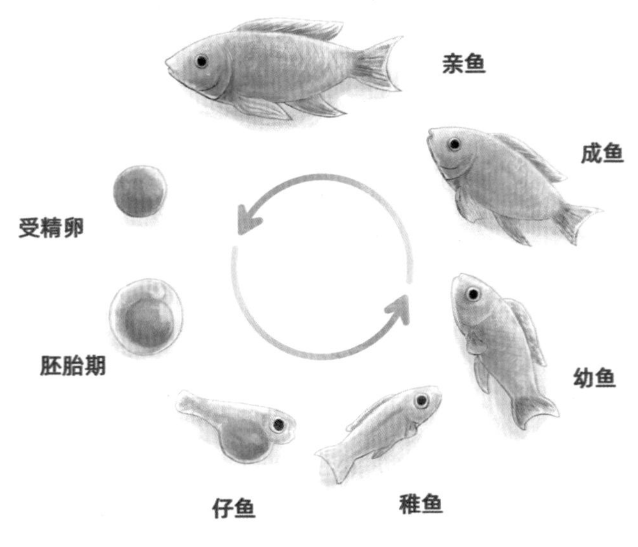

观赏鱼生长发育示意图

1. 胚胎期：指的是从受精卵至孵化出膜前这一阶段，此时主要靠卵黄供给营养。

2. 仔鱼：从孵化出膜至卵黄囊全部吸尽的阶段。

3. 稚鱼（鱼苗）：通常指孵出不超过一个月的鱼体，此时，各品种特征开始出现，逐渐生成鳞片，显现出成鱼的体色、体态。

4. 幼鱼：指生长两个月以上，已具有成年鱼体征的个体，如成年鱼的缩小版，性腺尚未成熟。

5. 成鱼：即性成熟鱼。此时性腺发育完全成熟，生殖季节出现第二性征。

6. 当年鱼：指当年产卵孵化培育成的各种规格幼鱼，与一般鱼不同，它尚未经过越冬期。

7. 一龄鱼：满 1 周年的大鱼。

8. 二龄鱼：满 2 周年的大鱼；以后依次类推有三龄鱼、四龄鱼等。

9. 亲鱼：指发育到性成熟阶段，有了繁殖能力的鱼，也叫种鱼。

10. 秋苗：指在秋季孵化得到的鱼苗。

怎样欣赏观赏鱼？

观赏鱼的价值在于观赏，那么如何去欣赏观赏鱼的美呢？

观赏鱼的欣赏，因个人审美喜好而异，没有固定的标准，但是有一定的规律可循。

一般情况下，我们可以从静态和动态两个方面，单一品种和多品种混养等角度，通过鉴赏鱼的色彩、体貌、姿态和习性来综合评价。

色彩

观赏鱼的体表色彩千变万化，为人们所喜爱，不同品种鱼的体色也各有不同，有纯色，有多彩，有条纹，有点状或斑块，其分布、深浅、反光度，有着不同的魅力。欣赏鱼的体色，具体有两个角度，即色彩和花纹。选鱼时，一般要求鱼的色彩鲜艳，花纹美丽，还有些人偏好奇特的花纹。从花纹的图形上看，一般带状、点状、块状花纹比较受欢迎。如珍珠玛丽鱼，全身仿佛挂满珠宝，体表像钻石放光，璀璨耀眼，游起来珠光宝气，雍容华贵。

珍珠玛丽鱼

体型

不同观赏鱼的体形各有特点，有长有短，有圆有扁，常见的有大头、长吻、大嘴等，另外，鳍条的长短及开阔程度和形状，也是鉴赏的一个重要方面。鱼体形状因种而异。如中国的代表性金鱼——水泡眼金鱼的两只大水泡轻轻摇动，潇洒自然；龙睛金鱼的眼睛炯炯有神，仿佛一对儿大红灯笼；鲟龙和东洋刀构造硬朗，展现出一种刚硬美；玻璃猫全身透明，骨骼与内脏清晰可见，给人一种别样的视觉体验。

姿态

鱼的体态如同人的气质，有的好动，有的慵懒，有的优雅，有的凶狠。如孔雀鱼体形小巧，尾巴如丝绸一般，十分优雅，金鱼、神仙鱼的泳姿悠闲惬意，而锦鲤、龙鱼等大型鱼则勇猛有力，具有一种阳刚之美。

孔雀鱼

习性

很多观赏鱼有着独特有趣的生物学特性，具体表现为求偶的特殊性、筑巢孵卵的特性、口孵护幼的特性、可射水的特性、声音、带电的神秘、伪装的能力、凶残的本色、诱捕食物的技巧、认识主人的情趣、打斗的习性以及变色、伪装等特性。

最后，一些品种的鱼还具有特殊的水族功能，比如有些鱼具有清除残饵、清洁粪便、啃食鱼缸的青苔以及消灭水体中水螅等特性。

在欣赏观赏鱼的时候，既可鉴赏一种鱼的独特体貌、色彩变化，也可多品种混养，欣赏不同鱼在不同层次中戏游时如何相互映衬，构成一幅多姿多彩的立体画面。

饲养观赏鱼有什么好处？

观赏鱼作为一种水中宠物，越来越受到人们的喜爱。它不但丰富了人们的业余生活，缓解压力，还成为居家装饰的新宠。在宽敞明亮的客厅放上一鱼缸，可令房屋顿时充满生机与活力。

观赏鱼体态奇异，五彩缤纷，绚丽多姿，被誉为“活的诗，动的画”。人们在紧张繁忙的工作之余，通过欣赏、饲养观赏鱼，可以得到美的享受。金鱼性情文雅，色彩艳丽，体态雍容华贵；热带鱼五光十色，华丽绝伦，活泼欢畅；锦鲤是一种大型观赏鱼，具有独特的色彩和雄健的身躯，给人以吉祥和幸福的寓意。

修身养性，陶冶情操

饲养观赏鱼，可以在紧张工作之余缓解疲劳，放松精神。养鱼能让人的心绪平静下来，让饲主通过养鱼凝神静虑，少躁动，养精蓄锐。

在自家的书房、卧室、客厅用相宜的器具养上几条观赏鱼，配以盆景、花卉、异石、假山，可以增添恬静优雅的情调，使环境更加雅致清新，令人赏心悦目，心旷神怡，在闲暇赏玩，可陶冶情操、消除疲劳，有益于身心健康。

养鱼需耐心，细心。每天的换水喂食都是修炼。欣赏鱼还可以达到平心静气、去除杂念、集中注意力的目的。

锻炼身体，益智健脑

饲养观赏鱼，可缓解疲劳，放松精神，有助于身心健康；也可增加生活中的乐趣，增强机体功能。良好的精神状态是保持健康的一张良方，素有“养鱼一缸，胜服参汤”之说。观赏鱼的种类繁多，分布在不同国家的河流海域，每一种鱼都有它的学名、俗名、产地、分布及历史，因此家庭养殖观赏鱼，还可以寓教于鱼，对培养青少年热爱大自然、热爱生命和学习生物、地理、历史等方面的知识都有着重要作用。此外，在观赏爱鱼的同时，眼部随着鱼儿运动，可以起到眼部保健的作用，久而久之，眼睛会更有神，而平日的细心观察也能锻炼提高人的观察能力。

增进沟通，促进交流

人一旦拥有一个爱好，就会希望与人分享。所以，养鱼可以促进人与人之间的沟通，在养鱼的过程中，需要选择鱼种，购买饲料，采购布景，在每一个过程都会与人沟通，而遇到志同道合的鱼友，交流就会更加频繁。向友人介绍自己爱鱼，不仅增加了谈资，也增进了友谊。可以说，观赏鱼是增进沟通的桥梁。

改善环境，节能减排

家庭居室用水族箱养观赏鱼，不仅可以欣赏水中美景，还可以对室内环境起到天然加湿的作用。因为水族箱里的水不断地蒸发到室内空气中，使空气湿度增大，而且比起加湿器来，水族箱又具有湿度均匀、节能省电等优点，不仅改善空气湿度，还节能减排。

科学研究，经济价值

观赏鱼的培育与饲养，很早便与遗传工程、水质检测等科学研究结合在一起，观赏鱼以其体形小、易饲养、繁殖快等特点，成为很好的科学实验对象。随着观赏鱼的饲养培育技术的发展，观赏鱼成为市场的宠儿，具有很高的科学价值和经济价值，围绕其养殖已形成了庞大的产业链，并带动了许多产业。

养鱼静心

Part

2

鱼的多样种类，让你体验不同乐趣

观赏鱼的常见体形

 观赏鱼多样的体形

鱼类之所以能在水中自由游动，同它的体形有着很大关系。 现在就让我们通过下面这个表格来了解一下吧！

体形	特征	代表鱼类
纺锤形（梭形）	身体较长，为流线型，头尾略尖，游动速度较快，常活动在水域中上层。	锦鲤、银鲨等
侧扁形	身体为侧扁形，头尾轴同背腹轴的比例相当，左右轴较短，左右两侧呈对称特征，游动时速度不及纺锤形鱼类。 主要生活在水域的中下层以及不受水流影响的河流湖泊中。	人字蝶，圆燕鱼等

（续表）

扁平形	身体为扁平形，鱼体背腹轴很短，左右轴很长，身体向左右两侧扩张且比较宽，两只眼睛移到了头顶上并行排列。行动较为迟缓，经常生活在水域的最底层。	鳐鱼、魟鱼等
棍棒形（长筒形）	身体躯干较长，一般呈棍棒形，头较小尾较细，形如蛇，体表有细鳞或者没有鳞。喜欢生活在洞穴中，经常钻到泥土或水底的泥沙中，游动的能力较弱，行动较为迟缓。	蛇仔鱼、五彩鳗等

鱼类主要有以上四大基本体形。此外，还有一些鱼类为了适应特殊的生活环境或生活方式，出现了一些奇特的体形，比如，海马头部酷似大马，箱鲀鱼像一辆装甲车等。

观赏鱼多样的体形

同具有食用价值的鱼类一样，观赏鱼在身体结构方面也主要由头、躯干、尾三部分组成。接下来，我们就通过下面这幅金鱼的生理构造图，来认识一下鱼类的身体结构吧！

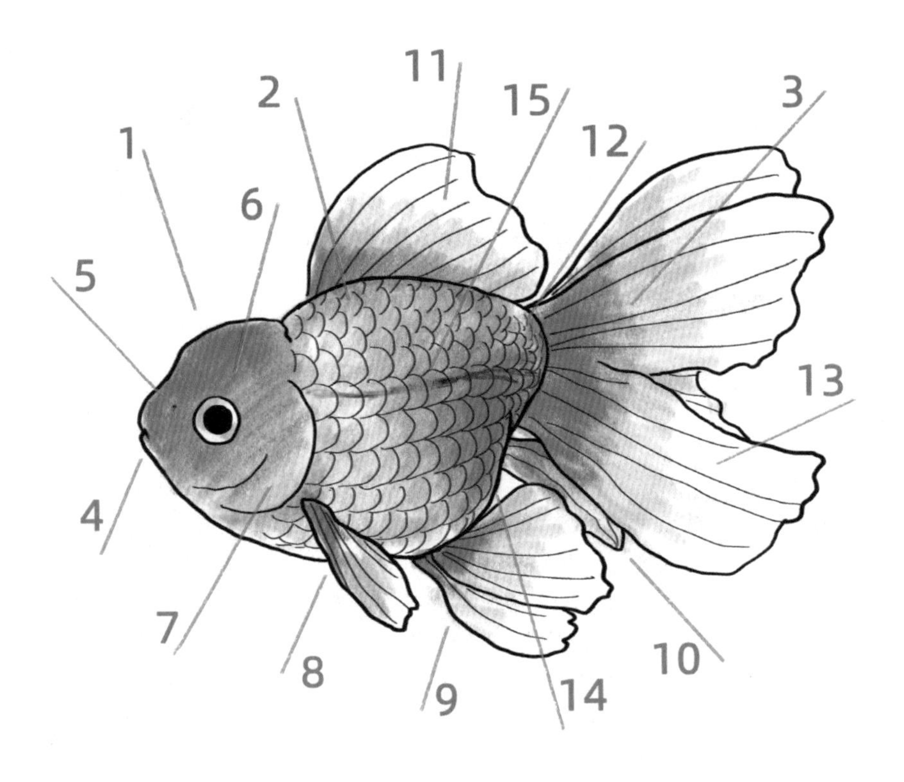

1. 头部　2. 躯干　3. 尾部　4. 口　5. 鼻孔　6. 眼　7. 鳃盖　8. 胸鳍　9. 腹鳍
10. 臀鳍　11. 背鳍　12. 尾柄　13. 尾鳍　14. 肛门　15. 侧线

一般而言，从鱼体鳃盖前面到嘴巴这一部分，称作头部；肛门之后的部分称作尾部；从鳃盖后面边缘的部分到肛门这一部分称作躯干。鱼体的头部主要包括眼、口、鼻以及鳃盖等部分；鱼体躯干和尾部上一般都具有较为发达的鱼鳍，主要用来维持身体平衡和在水中运动。现在我们就以金鱼为例，向大家介绍一下观赏鱼具体的身体结构。

器官	身体结构	特征
外部器官	体形	金鱼的体形变化比较大。主要表现在躯干短小，整个身体的线性多呈纺锤形或椭圆形。
	头形	主要包括平头、鹅头以及狮子头形等几种形状。
	体色	金鱼颜色多种多样，呈现的体色主要受黄、黑色素细胞以及蓝色发光细胞增减、变异和突变影响。一般来说，红色金鱼身体内黑色素细胞较少，黑色金鱼身体内的黑色和黄色细胞密度较高，而白色金鱼身体内则没有或很少有黑色素细胞，五花金鱼体内的三种色素细胞的数量则各不相同。
	鳞片	金鱼鳞片主要分为正常鳞、透明鳞和珍珠鳞三种。其中正常鳞有反光组织以及色素细胞，呈现多种颜色；透明鳞缺失反光组织和色素细胞；珍珠鳞呈现为半突状，含有沉积石灰物质，看上去就像是鳞片上镶着一颗珍珠。
	鳍形	金鱼不同部位的鳍，形状也各不相同，最大的不同主要表现在背鳍、臀鳍以及尾鳍上。金鱼的背鳍主要包括无背鳍和背鳍两种；在臀鳍上，金鱼多为双臀鳍，只有极少数是单臀鳍；在尾鳍上，形态和长短各有不同，颜色也分为多种。
	侧线	金鱼因体形出现了变异，从而造成身体侧线也出现了相应变化。侧线随着身体的弯曲呈现出了弯曲状收缩。身体越短这种弯曲越明显。金鱼身体上侧鳞的数量一般在 22 ~ 28 片。
	眼睛	一般分为正常眼、望龙眼、望天眼、蛤蟆头眼以及水泡眼等。
	鼻孔	鼻孔中间有一层皮肤褶，鼻孔因此被分为了前后两个部分。如绒球品种的金鱼，就是因为鼻孔变异突出而得名的。
内部器官	骨骼	主要有头骨、脊椎骨以及肋骨，此外还有鳍条骨以及肩带骨等附肢骨骼。
	内脏	主要包括心脏、脾脏、肾脏、肝脏、鳔、胃、食道、肠、肛门、腮、输（精）卵管、生殖腺以及输尿管等。
	鳃盖	分为正常鳃盖和翻鳃盖两个种类。正常鳃能和腮孔同步闭合，达到保护鳃的作用。翻腮就是金鱼在游动时，主鳃盖骨和下鳃盖骨游离，后边由内向外翻出来，部分腮丝露在外边。

从外部形态来看，金鱼同其他鱼类有很大的差别，但是在身体结构上同其他鱼类一样，主要包括头部、躯干以及尾部三部分。其实每一种类别的鱼都包括外部器官和内部器官两个部分，只是种类不同，在一些方面会表现出不同的特征而已。

小贴士

鱼的记忆只有7秒吗?

1965年，美国科学家进行了一次试验，他们把金鱼放进在很长的鱼缸里，然后在鱼缸的一端射出一道亮光，20秒后，再在鱼缸射出亮光的一端释放电击。他们发现，金鱼很快就对电击形成了记忆，当它们看到光的时候，不等电击释放到水里，就会迅速游到鱼缸的另一头，以躲避电击。

科学家们发现，只要进行合理的训练，这些金鱼可以在长达1个月的时间里一直记住躲避电击的技巧。

冷水性观赏鱼——历史悠久的宠儿

观赏鱼多样的体形

草金鱼

科	鲤科
别　名	彗星
体　长	不定
原产地	主要分布于中国的杭州与嘉兴
食　性	杂食
性　情	温和
活动区域	全部

冷水性鱼类包括冷水性海水鱼和冷水性淡水鱼。冷水性海水鱼主要有鳎鱼、隆头鱼等。冷水性淡水鱼主要有金鱼、锦鲤等。中国是最早饲养金鱼的国家，早在南宋时皇宫中就开始大量饲养金鱼；锦鲤的养殖也起源于中国，后经过日本长期人工选育，呈现出更加丰富的色彩。

草金鱼是人工培育出来的品种，鱼体比较修长，尾鳍呈深叉形，最常见的颜色是橘红色。不同品种的草金鱼，在不同的生长时期，颜色不同，有的鱼体上还会有大块橘色斑点。草金鱼喜欢群集，因鱼体较修长，尾鳍宽大，所以饲养时需要较宽敞的空间。

泡眼金鱼

科	鲤科	食　性	杂食
别　名	水泡眼	性　情	温和
体　长	不定	活动区域	全部
原产地	中国京津地区		

泡眼金鱼的眼睛下方有两个水泡一样的充满液体的眼囊，并因此得名。其鱼体呈卵形，没有背鳍，臀鳍和尾鳍为双鳍；尾鳍部分很大，尾柄下垂，尾鳍会随着尾柄摆动。体色一般呈橘红色，个别品种亦有其他颜色。泡眼非常脆弱，饲养是要注意防止受伤。

狮头金鱼

狮头金鱼的头部有一层如树莓一样的肉瘤，这是一种病态的变异。鱼体较短，尾巴为双尾鳍，上扬，游动的时候，比较笨拙，喜欢群居。按照肉瘤的形状，一般分为鹅头、虎头和狮头，但一般人难以细分，统称狮头。

科	鲤科	食性	杂食
别名	红狮头	性情	温和
体长	不定	活动区域	全部
原产地	中国		

红帽金鱼

红帽金鱼的头顶部有一块红色斑块，如同戴着一顶红帽子，因此而得名。常见鱼体为银白色，背鳍比较高，臀鳍和尾鳍为双鳍，发光度极高，色泽艳丽，游动时姿态非常优美。

科	鲤科	食性	杂食
别名	红帽子头	性情	温和
体长	10～15 厘米	活动区域	全部
原产地	中国		

纱尾金鱼

纱尾金鱼的臀鳍与尾鳍是双鳍，鳍在水中是飘动的，姿态飘逸优美，再加上背鳍高而直，这使得鱼的姿态更加优雅，具有很高的观赏性。因为鳞片的排列顺序不同，纱尾金鱼的体色也不尽相同。

科	鲤科	食　性	杂食
别　名	无	性　情	温和
体　长	不定	活动区域	全部
原产地	中国		

绒球金鱼

绒球金鱼的鼻隔膜因为变异形成两个明显的绒球，像顶着绣球一般，并由此得名。因为体色不同，被细分为多个品种。原始的绒球金鱼是没有背鳍的，新品种则有。有一个变异品种叫红龙睛四球，鼻隔上托着四个均等的绒球，非常名贵。

科	鲤科	食性	杂食
别名	绣球	性情	温和
体长	不定	活动区域	全部
原产地	中国		

锦鲤

锦鲤在中国已有千余年的养殖历史，是风靡世界的一种高档观赏鱼。锦鲤鱼体修长，头大，嘴宽，唇边有须，尾鳍有力，体态优美。通常根据身色和色斑的形状来分类，有红白、黄、蓝紫、黑金、银等多种颜色，身上的斑块几乎没有完全相同的。锦鲤的食量大，生长快，适合在较大的环境中饲养。

科	鲤科	食性	杂食
别名	水中活宝石	性情	温和
体长	不定	活动区域	全部
原产地	东亚地区		

热带观赏鱼——千姿百态的天骄

热带观赏鱼的体态多样，但是仍同其他鱼类一样，分为头部、躯干以及尾部。热带观赏鱼因为种类不同，生存的环境不尽相同，因此在生物学特性上有明显的差别，这种差别主要表现在体色、鱼鳍以及体表被鳞的变化上。热带观赏鱼的体色繁多，甚至有一些我们意想不到的颜色；而鱼鳍更是多样，有的臀鳍宽大，有的背鳍高大等；另外，它们体表被鳞上的鳞片色彩多，甚至还有些是透明的，有的种类体表还没有鳞片，而是被黏液质附着。

孔雀鱼

孔雀鱼雌雄鱼的体型和色彩差别很大，成年雄鱼体长 3 ～ 4 厘米，体型瘦小，体色绚烂多彩，尾部很长；而成年雌鱼体长 5 厘米左右，比雄鱼大，体色没有雄鱼漂亮，尾柄及尾鳍均较雄鱼的短。如果对孔雀鱼的颜色很在意的话，要避免不同体色的鱼杂交。

科	花鳉科	原产地	委内瑞拉、圭亚那以及西印度群岛等地的河流中
别　名	百万鱼		
体　长	3 ~ 5 厘米	性　情	温和
食　性	杂食	活动区域	全部

接吻鱼

自然生长的接吻鱼，体长可达到 20 厘米左右，在原产地是一种食用鱼。经过人工培育后，体长缩小到 3 ~ 5 厘米，鱼体侧扁，呈卵形，鱼体一般为乳白色或淡粉色。接吻鱼会用有锯齿的嘴亲吻同伴，不过，这并非是鱼之间的爱情，而是一种领地争斗。

科	钉口鱼科	原产地	印度尼西亚、泰国、马来西亚
别名	亲吻鱼、香吻鱼	性情	温和
体长	3 ~ 5 厘米	活动区域	全部
食性	杂食		

暹罗斗鱼

暹罗斗鱼以好斗闻名，两条雄鱼相遇，必定会进行一场决斗，相斗时会张大腮盖和鱼鳍示威，用身体互相撞击挑衅，然后用嘴撕咬，因此在饲养中，不能把 2 条以上的成年雄鱼放养在 1 个鱼缸中，建议单养。

科	斗鱼科
别　名	泰国斗鱼、五彩搏鱼
体　长	6 厘米
食　性	杂食
原产地	泰国
性　情	好争斗
活动区域	全部

神仙鱼

神仙鱼头部呈三角形，吻部略尖，向前凸出，腹鳍细长，臀鳍如飞机的机翼，整体外形像一只燕子。常见的体色是银灰色带斑纹，一般眼睛部位有一条黑色线条，一直延伸到腹部位置。神仙鱼有领地意识，最好不要和小型鱼类混养。

科	丽鱼科	原产地	南美洲亚马逊与内格罗河水域
别名	燕鱼、天使	性情	温和
体长	13 厘米	活动区域	全部
食性	杂食		

金龙鱼

金龙鱼早在石炭纪时期就已在地球上繁衍生息，是为数不多的古生鱼类代表。金龙鱼是龙鱼中的一种，它嘴边有一对笔直的龙须，长有宽大鳞片，金光闪闪，像一个将军，因此，很多人用来镇宅辟邪。金龙鱼寿命很长，可以存活十多年，但繁殖难度大，因为金龙鱼会将鱼卵含在嘴中，一旦受惊很容易吞食鱼卵，所以价格昂贵。

科	骨舌鱼科
别　名	美丽巩鱼
体　长	50 ~ 55 厘米
食　性	杂食
原产地	马来西亚
性　情	勇猛
活动区域	全部

红龙鱼

红龙鱼是龙鱼家族中价值最高的品种。究其原因，是因为其比较罕见。红龙鱼外形雍容华贵，具有很高的观赏价值，同时，其红艳艳的鳞片，被赋予吉祥、富贵的寓意，是深受人们喜爱的“风水鱼”。有一种辣椒红龙鱼，被认为是极品中的极品，价值不菲。

科	骨舌鱼科	原产地	印度尼西亚
别名	龙吐珠、旺家鱼	性情	勇猛
体长	80 ~ 90 厘米	活动区域	全部
食性	杂食		

银龙鱼

银龙鱼的外形与金龙鱼、红龙鱼区别明显，它的背鳍和臀鳍好像一个环形带子围在身上。银龙鱼体呈银白色，游动起来银光闪闪，在灯光的照射下还会呈现出淡粉、浅红等颜色。银龙鱼性情比较活泼，脾气相对温和，加之其价格比金龙鱼和红龙鱼相比略为低廉，因此受到很多饲养者的喜爱。

科	骨舌鱼科	原产地	圭亚那
别名	银带、银船大刀	性情	勇猛
体长	80 ~ 90 厘米	活动区域	全部
食性	杂食		

孔雀鲷

随着鱼龄的增长，孔雀鲷所有的鳍都会拉长。这种鱼非常凶狠，繁殖期，雌鱼若没有发情，雄鱼就会追杀雌鱼，所以，在繁殖期，饲养者需要仔细观察雌鱼的性成熟状态和抱卵状态。孔雀鲷有领地观念，最好和比它体型大的鱼一起混养。它们喜欢在洞穴或者比较黑暗的地方生活，人工饲养时，应该提供相应的生存环境。

科	丽鱼科	原产地	非洲东部马拉维湖的岩石区
别名	卢旺达孔雀	性情	好争斗
体长	15 厘米	活动区域	全部
食性	杂食		

柠檬慈鲷

柠檬慈鲷的体形修长，体色呈鲜黄色，吻部稍微前凸，头小，眼大。在眼睛下方位置有一块面积不大的斑块，呈淡红色；背鳍基部很长；腹鳍后拖；尾鳍较宽，短且扁平。虽然柠檬慈鲷是肉食鱼类，但是性情温和，可以进行混养。

科	丽鱼科	原产地	非洲坦噶尼喀湖有岩石的浅水区
别名	三湖慈鲷	性情	温和
体长	9 厘米	活动区域	底层
食性	肉食		

暹罗虎鱼

暹罗虎鱼的幼鱼体色为白色，有黑色条纹，成年后，白色会逐渐变成黄色，形成老虎一样的花纹，因此得名。暹罗虎鱼性情凶狠，宜单养。它对生活环境的要求比较高，喜弱酸至中性软水，且需要有一定盐度，一般在水草茂盛、有岩石、有石洞的地方生存，水族箱中要适当做布景。

科	松鲷科	原产地	泰国、印度尼西亚、马来西亚
别名	泰国虎鱼	性情	好争斗
体长	40 厘米	活动区域	中层和底层
食性	肉食		

吸口鲇

吸口鲇就是我们常说的清道夫，其鱼体侧宽，整体呈棕绿色，体表连同鳍上布满了灰黑色豹纹斑点，口在下部，呈吸盘状，背鳍宽大，胸鳍和腹鳍发达，腹部光滑柔软，常吸附在缸壁或水草上舔食青苔，适应能力强，无需专门管理。

科	甲鲇科	原产地	巴西、委内瑞拉
别名	清道夫、琵琶鱼	性情	温和
体长	30 厘米	活动区域	中层和底层
食性	草食		

霓虹灯鱼

霓虹灯鱼腹部呈蓝白色，特点是从头部到尾部有一条明亮的蓝绿色色带，散发出青绿色光芒，在蓝绿色色带下方的鱼身，还有一条红色色带，形成鲜明的色彩对比。这种小鱼喜欢聚集，惧怕强光照射，适合在光线较暗的环境中生活。

科	脂鲤科
别　名	红绿灯鱼
体　长	5 厘米
食　性	杂食
原产地	巴西的马托格罗索溪流中
性　情	温和
活动区域	全部

非洲凤凰

非洲凤凰的身体上半部分有两条黑色条纹从吻部一直延伸到尾鳍，背鳍上也有一条黑色条纹，幼鱼时期，体色呈鲜黄色，成熟之后，逐渐变成深褐色，雄鱼的体侧有一条浅蓝色条纹，从腮盖后缘延伸到尾柄末端，游动时会闪金光。

科	丽鱼科	原产地	非洲马拉维湖
别名	非洲慈鲷	性情	好争斗
体长	13 厘米	活动区域	中层和底层
食性	杂食		

海水观赏鱼——千姿百态的新宠

海水鱼与淡水鱼的基本生物学特性是一样的，因其种类繁多，各品种之间又有一些客观存在的差异。首先，它们的体型与所处的地域和水层有明显的关系；其次，它们要在海水里才能生存；再次，与它们的生长习性相关，这些鱼类的泌盐细胞相当发达；最后，海水鱼色彩鲜艳，形态万千。且大多数生活在珊瑚丛里，因此又被称为珊瑚礁鱼。

公子小丑

公子小丑的鱼体颜色分明，呈橘黄色与白色相间，白色部分环绕在眼睛后、背鳍中央、尾柄处，其中背鳍中央处近似三角形。橘红色鱼鳍有黑色边缘。它们喜欢群居生活，爱依偎在海葵中，其体表黏液可保护自己不被海葵伤害，所以又被称为“海葵鱼”。

科	雀鲷科	原产地	西太平洋海域，尤其是中国、菲律宾的礁石海域
别名	小丑鱼、海葵鱼、眼斑双锯鱼	性情	温和
体长	12 厘米	活动区域	中层和底层
食性	杂食		

狐面鱼

狐面鱼的面部有着黑白相间的花纹，身体呈椭圆形，为美丽的黄色，头部呈三角形，嘴部尖且向前凸出，如同狐狸一样。狐面鱼是最温顺的鱼类之一，它们从不攻击其他鱼，互相之间也很少发起进攻，不过，饲养它们的水族箱最好不要太小，如果容积小于 200 升的话，它们会有紧迫感而焦躁不安。

科	篮子鱼科	原产地	太平洋的珊瑚礁海域
别名	狐狸鱼、狐篮子鱼	性情	温和
体长	25 厘米	活动区域	中层和底层
食性	草食		

新月锦鱼

新月锦鱼鱼体侧扁，鱼体整体呈绿色，有密密麻麻的小段波纹层层分布，看起来错落有致，像绿鹦鹉。头部有紫色的花纹环绕分布，尾鳍中叶为黄色，呈新月形。它们适应能力极强，什么都吃，不畏惧其他品种的鱼，在离开水后，只要环境保持潮湿，也能存活数小时。

科	隆头鱼科
别名	绿鹦鹉锦鱼、青衣龙、哨牙妹
体长	30 厘米
食性	杂食
原产地	印度洋和太平洋中部及西部的珊瑚礁
性情	温和
活动区域	中层和底层

皇后神仙鱼

皇后神仙鱼鱼体边缘环绕着蓝色线条，形成鲜明的蓝色轮廓，它的鳞片错落有致，层层分布，形成非常漂亮的图案。它们喜欢在珊瑚礁附近生活，通常单独或成对活动，也有一雄鱼配多条雌鱼的群队出现，具有领域意识，成鱼能够发出“咯咯”声，来吓唬入侵者，并有攻击性。

科 ▷ 盖刺鱼科
别　名 ▷ 条纹盖刺鱼
体　长 ▷ 45 厘米
食　性 ▷ 杂食
原产地 ▷ 大西洋西部，尤其是加勒比海域
性　情 ▷ 温和
活动区域 ▷ 中层和底层

狮子鱼

狮子鱼的鱼体没有鳞片，头小而眼大，背鳍长，腹鳍位于头下，如同吸盘，有着很强的吸附能力。体色为华丽的红色，有暗色横带，并有黑色斑点分布在尾部。

它的鳍棘条上有毒腺，且非常尖锐，饲养时要注意不要被刺中，否则会产生剧痛，严重时会导致呼吸困难，甚至晕厥。

科	鲉科	原产地	印度洋和太平洋地区的珊瑚礁
别名	崩鼻鱼	性情	好争斗
体长	35 厘米	活动区域	中层和底层
食性	肉食		

小丑石鲈鱼

小丑石鲈鱼的幼鱼体色为褐色，不过随着鱼的生长，其颜色会发生变化，成鱼鱼体会分布着大面积的白色斑块。小丑石鲈鱼有着性感的嘴唇，所以在一些地方，人们还叫它“甜唇”。它们生长迅速，需要足够的游动空间及充足的藏身地点，所以饲养时需要比较大的空间。

科	鲉科	食　性	杂食
别　名	燕子花旦、圆点花纹石鲈鱼、朱古力	原产地	东印度洋到太平洋中部的礁石中
		性　情	胆小
体　长	45 厘米	活动区域	中层和底层

圆眼燕鱼

圆眼燕鱼的体形侧扁，呈菱形，体侧高，如贝壳，体色多为黄褐色，带着淡绿色，背鳍、腹鳍与臀鳍皆延长呈镰刀状，且有黑缘。头部不大，额头陡斜，口小而圆钝。幼鱼红褐色，体态优美，似枯叶；成鱼则可食用，肉质鲜美。

科	燕鱼科	原产地	印度洋、太平洋沿海浅水区
别名	圆蝙蝠	性情	温和
体长	50 厘米	活动区域	中层和底层
食性	杂食		

宝石魔鱼

宝石魔鱼的体侧有着闪闪发光的亮点，在黑色的体色上，如同宝石一般，这种现象在亚成鱼时特别突出，但在成鱼后，会逐渐变成褐色到黄色，不再清晰可见。这种鱼非常凶猛，一般一个缸只能养一条宝石魔鱼。

科	雀鲷科	原产地	加勒比海、大西洋西部
别名	宝石雀鲷	性情	凶猛
体长	20 厘米	活动区域	中层和底层
食性	杂食		

丝蝴蝶鱼

丝蝴蝶鱼的鱼体体侧有许多斑马纹一样的斜线排列分布，尾鳍呈黄色，与斑马纹形成鲜明对比。吻部尖而凸出，嘴特别小，如果和其他鱼混养，要增加投喂数量，以保证其健康生长。如果条件允许，建议定期给它们提供一些新鲜的生物石来啃。它们虽然不吃石头，但很喜欢石头上寄生的生物。

科	蝴蝶鱼科	原产地	印度洋、太平洋海域的珊瑚礁中
别名	人字蝶、扬帆蝴蝶鱼	性情	温和
体长	20 厘米	活动区域	中层和底层
食性	杂食		

蓝闪电神仙

蓝闪电鱼的鱼体颜色为金黄和蓝紫色，非常炫彩。鱼体侧扁，头部小，眼略突出，吻部较小，背鳍、臀鳍和尾鳍上都有星星点点的图案，鳞片富有光泽。它们生性机警，多半单独或组小群生活，喜欢躲藏在珊瑚周围。

科	盖刺鱼科
别名	珊瑚美人、双棘刺尻鱼
体长	13 厘米
食性	杂食
原产地	太平洋中西部海域和西非海岸，尤其是澳大利亚和东印度群岛海域
性情	胆小
活动区域	全部

蓝魔鬼

蓝魔鬼的鱼体呈椭圆形，体色呈宝蓝色，全身泛着富有神秘色彩的蓝色，两眼之间有一条黑色短带，鳍有黑边，有的鱼体上还会分布着白色和黄色斑块。它们领地意识极强，对侵犯其领地的鱼类非常凶残，如果混养，应提供足够大的躲避空间，多饲养在有五彩的珊瑚等无脊椎动物的水族箱中。

科	雀鲷科	原产地	中国南海和太平洋的珊瑚礁水域
别名	无	性情	有领地观念
体长	5～6 厘米	活动区域	全部
食性	杂食		

角镰鱼

角镰鱼有一条长如镰刀状的背鳍硬棘，鱼体侧扁，主要颜色由黑色、白色、黄色组成。吻部特别小且突出，适于在小礁穴中搜寻食物。发现危险或受惊吓时，会迅速隐蔽于洞穴或礁石的缝隙中。睡觉时体色也随之转成暗色，与周围环境一致，形成保护色。

科	镰鱼科	原产地	印度洋、太平洋地区的珊瑚礁中
别名	镰鱼、海神像	性情	好争斗
体长	25 厘米	活动区域	中层和底层
食性	杂食		

扳机鲀

扳机鲀的种类繁多，一般都有 3 个背鳍棘，前两个的结构像枪的扳机一样，故得名扳机鱼，当第一棘竖起后，第二棘作为“扳机”能够从后嵌入卡住。它们的口中有上下共 8 颗尖锐的牙齿，咬合力极强，可以咬碎海胆等有硬壳的生物。它们有着非常强的领地意识，在繁殖季节，为了保护巢区的安全，它们会袭击任何接近的生物，攻击速度很快。和人一样，这种鱼也是晚上睡觉，白天活动。

科	鳞鲀科	原产地	印度洋及太平洋中部
别　名	扳机鱼、炮弹鱼	性　情	温和
体　长	50 厘米	活动区域	全部
食　性	肉食		

金边刺尾鲷

金边刺尾鲷的背鳍为黄色，鱼体呈椭圆形，额头陡斜，嘴向前凸出，在眼睛和吻之间有一块白色斑纹。这种鱼需要足够的游泳空间，对同类会有攻击行为，但与缸中其他鱼能够和平相处。它们采食青苔，需要提供足够的海草及海藻等植物性饵料。

科	刺尾鲷科	原产地	印度洋地区、东印度群岛的珊瑚礁地区以及美国的西部海岸
别名	颊吻鼻鱼、金边倒吊		
体长	20 厘米	性情	温和
食性	草食	活动区域	全部

鸟嘴盔鱼

鸟嘴盔鱼的嘴部像鸟喙一般，拥有上下颌，吻部呈长管状突出。幼鱼的嘴没有那么长，在不同生长时期的鱼体颜色也是不一样的，幼鱼呈棕色；成年鱼体整体上呈蓝绿色，尾鳍呈绿色，尾鳍会随着年龄的增长变成琴形。

科	隆头鱼科
别名	杂色尖嘴鱼、尖嘴龙
体长	25 厘米
食性	肉食
原产地	印度洋以及太平洋西部热带地区的珊瑚礁
性情	温和
活动区域	全部

Part

3

为鱼儿设计一个舒适的家

水族箱，小鱼们的安乐窝

将观赏鱼从大自然迁移到家中，要注意很多事情。它们的栖息地已经发生了变化，温度、光照和水质都与之前的生活环境大不相同，如果随意安置鱼类，它们无法适应环境，也就无法生存，所以，为小鱼创造一个舒适的环境是非常必要的。

一般来说，饲养观赏鱼的容器，不仅要满足鱼儿的基本需求，同时还要具备美观、实用、方便，易于观察、欣赏等功能。常用的观赏鱼养殖容器有缸、池、盆、箱等几种。目前应用最广的是水族箱。

水族箱能够模拟大自然的水下环境，并对生存条件进行人工调控，小鱼生活在里面，可以迅速适应，不用担心水土不服。同时，对于水族箱中的多余空间，还可以根据个人喜好，进行造景设计，以获得赏心悦目的完美体验。

然而，市场上的水族箱种类很多，该怎么选择呢？事实上，和我们选择生活用品一样，选择水族箱要也根据自身的条件和需求，不仅要考虑材质、大小等因素，还要对安全性、观赏性和功能性等方面进行多重考量。

水族箱

色彩

市场上常见的水族箱，通常分为玻璃和亚克力两种材质。

玻璃是水族箱最为常用的材质，包括普通玻璃、浮法玻璃和钢化玻璃。最常见的是双层浮法玻璃，其特点是抗震防爆能力强、安全性高、隔热性和可塑性好。选择玻璃水族箱时，你可以从玻璃的侧面观察它是什么材料，普通玻璃一般呈现蓝色或深蓝色，而浮法玻璃则呈现出绿色。

相比于玻璃水族箱，亚克力材质的水族箱具有很多优点，比如重量轻、透光性好、保温性强、方便搬动，一般体积较大。选购亚克力材质的水族箱，需要注意其表面有无划痕、裂纹、碱迹、水迹，板材间有无气泡等问题。不过，优质亚克力水族箱的价格昂贵，而廉价的亚克力材料在经过长期使用后，会氧化变黄。所以，大多数观赏鱼的饲养者还是会选择传统的玻璃水族箱养鱼。

水族箱的质量

许多养鱼新手选择水族箱会偏向颜值，喜欢挑好看的买，但其实这种选择方法是不科学的。在选择水族箱时，首要考量的应该是安全性，水族箱对高度、质地等方面有很高的要求。如果质量不合格，买回家很可能会发生碎裂、透水等事故。

在物理上，由于水对水族箱壁的压力作用，水越深，压力就越大。如果水族箱太高，水位太深，超过水族箱的玻璃所承受的压力极限，就会导致其破裂，这样不仅会造成观赏鱼的死亡以及破坏造景，还易使人受到伤害，而如果这种破裂发生在家中无人时，还有可能造成更大的财物损失。所以，在选择水族箱时，对箱体的高度和厚度要慎重考虑。

普通玻璃水族箱：如果高度小于 80 厘米，厚度应为 10~12 毫米，如果高度大于 80 厘米，则不能再使用普通玻璃。

平板玻璃或钢化玻璃水族箱：如果高度为 150~180 厘米，玻璃厚度必须为 15~19 毫米；一些较大的水族箱高度为 180~350 厘米，玻璃厚度应大于 22 毫米。总之，水族箱越大，玻璃越厚。

水族箱的底座

对于水族箱的底座，选择时首要考虑的是承重能力，要根据水族箱的大小和重量进行匹配，从而保证稳定和安全。其次，底座的形状和颜色最好与周围的家具保持一致。另外，购买时，还要考虑过大的水族箱是否可以通过狭窄的楼梯和电梯，以及是否方便供水和排水。

养护水草，做好水族箱的绿化

一个漂亮的水族箱中，不仅要有小鱼，还要有一些水生植物。看到鱼儿们在水草中穿梭，自由自在地游来游去，追逐嬉戏，人们的心中也会油然升腾起一种轻松自在、愉悦惬意之感，这是一种非常雅致的乐趣。

在水族箱中，水生植物的作用很大，既可以当作装饰品，也可以成为小鱼们的消遣玩具，还能够通过光合作用改善水质、给水供氧，水生植物释放出的一些高效抗生素也能杀死水中的病原体。

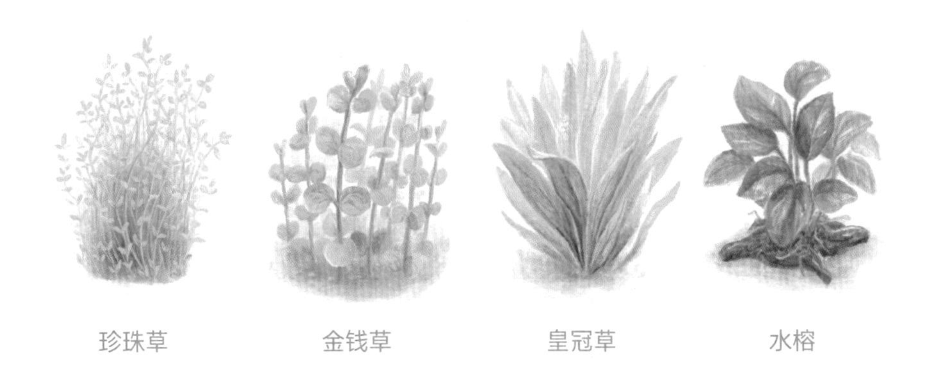

珍珠草　金钱草　皇冠草　水榕

常见且易于栽培的水草有很多种，包括有茎水草类，如珍珠草、金钱草；放射状水草类，如皇冠草；附着性水草类，如小榕叶、墨丝；块茎类水草，如睡莲；匍匐性水草类，如矮珍珠、蝴蝶萍等。我们可以根据自己的喜好和鱼的习性来选择适合的水生植物。

如何栽种水草

种植水草前，要注意一些事项。种水草以前，设计者必须有一个构想。应预先设计哪儿放沉木，哪儿放山石，什么地方种红草……还要考虑水草的高矮、大小、颜色等。然后按照各种水草的生长速度以及所需要的光照强度等将鱼缸划分成几块，使整个布景高低起伏、错落有致，达到完美的统一。

水生植物中往往会夹杂着寄生虫、细菌等生物，不仅会破坏水质，还有可能伤害到观赏鱼，所以，在购买回水草之后，应该在稀释的硫酸铜溶液中浸泡 10~20 分钟，确保有害物质被完全杀死后，再将之植入到水族箱中。

种植水草时，水族箱中的动力设备要提前关掉，并将水位升至箱体一半高水位，然后按预期设计的分布方式划分好各个材料的位置，包括水草、岩石、沉木，及其他装饰物等。

对于新准备好的水草，要先对根部进行修剪，将较长的根部或枝条剪短，以免腐烂。然后，在底沙中掏出一个孔洞，将水草根部放置在孔内，用泥沙埋好。所有水草种植完毕后，缓缓注入饲养水，以免冲散刚刚覆盖好的泥沙，然后捞出残枝败叶，待到水中的杂质沉淀后，就可以投放小鱼了。

水草的层次

在水族箱中栽种水草时，要依照一定的层次，依次种植水草，最好先进行构图，根据水族箱的结构，按照近景草、中景草、侧景草和背景草的顺序种植。

近景草，就是放在水族箱前的草，一般植物类型较小，不会遮挡中后景的设置。

中景草，栽种在水族箱的中部，从视觉角度讲，是水族箱的“焦点”，所以一般会选择有高观赏价值的水草。

背景草，作为水族箱背景景观，起到烘托近景和中景的作用，一般会选用叶茎比较大，生命力强的品种。

最后根据总体效果做局部调整。

水草的层次

需要注意的是，在种植时，无论是近景草、中景草还是背景草，都不能太密集，因为水草太密集时会扎根挤在一起，影响视觉效果，并且水草的根部容易相互交织，很难梳理。

新种植的水草一般会比较稀疏，观赏性不强，不过不要着急，大约半个月后，水草长得丰满起来，景观自然就会完全不同。

水草的日常养护

水草的养护条件和注意事项

养护条件	注意事项
光照	通常每天只要 1 ~ 2 小时的光照，水草就能正常生长了。如果没有阳光，可以用日光灯照射来替代。
水温	每种水草对水的温度要求都不尽相同。通常情况下，当水温较高时，水草的生长速度会较快。
清理	可以饲养两条清道夫鱼或少量红螺来清除藻类，也可以放入稀释的硫酸铜溶液，杀死附着在水草上的水藻。等到杀死藻类后，对水族箱要进行多次清洗，然后再放入新水，将观赏鱼放进去。
修剪	水草在适宜的温度内会疯狂生长，因此当水草过于茂盛时，需要及时修剪掉一些分枝或枯萎的老枝。
消毒	放置水草之前，需要对水草进行消毒。首先将水草上枯萎的茎叶去掉，然后用清水漂洗干净，去掉根部的污泥，之后用稀释后的高锰酸钾溶液等消毒试剂浸泡 5 ~ 10 分钟，最后用清水漂洗干净。为了更好地防止病害发生，需要定时对水草进行消毒。
肥料	观赏鱼的排泄物和呼出的二氧化碳气体就是水草最佳的养料。如果水草生长较为缓慢，多数情况下是因为水中二氧化碳的含量不足所致，这时应该建立一个酸碱度、二氧化碳以及碳酸盐相互平衡的生态环境，为水草的生长提供充足的养料。增加水中二氧化碳含量的方法有两种：一种是利用二氧化碳扩散筒或反应器；另一种是使用石灰水反应器。

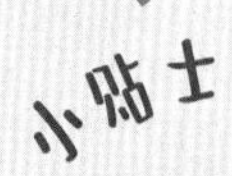

小贴士

不要因为水草的外表好看就购买，尽量避免购买纤维硬、茎细的水草，最好选择柔软、新鲜、细腻的水草，以免威胁到鱼儿的安全。

铺设底砂，为水族箱打好造景的地基

装饰水族箱就像是设计园林一样，首先需要选择材料，然后再按照一定的景致来装饰、布置。装扮一个小鱼缸，我们不仅要考虑视觉效果，也要注重生态环境的构建。

水族箱模拟的是自然的水下世界，底砂在其中起到了关键作用。在水族箱中铺设底砂，就如同大海深处的海床，不仅让水族箱中的景观更有层次感，也有助于水生植物的生长。

那么，该如何选择底砂呢？

底砂的选择

在选择底砂时，砂砾的粗细、色泽、形状、比重、体表面积、崩解性等，都是非常重要的指标，其中以粗细标准最为关键。要挑选颗粒大小均匀的砂，底砂的直径一般在 3 ～ 5 毫米。砂砾太细，会影响底砂的透水性，水无法有效在底砂表面和底层循环，时间久了，底砂就会腐败、出现结块乃至变黑，如果饲养了水草，也容易导致水草烂根。如果砂砾太粗，又会导致鱼食的残渣沉淀到底部，影响水质。

此外，砂的酸碱性也要引起注意，一般来说弱酸性水质比较适于生物生长，如果种植的水草和观赏鱼都喜欢碱性水质，那就可选择弱碱性的珊瑚沙作为底砂。

检测砂的酸碱性有一种比较简单的方法：用醋酸或 pH 调低剂滴到砂上观察，如砂有气泡出现，说明含有钙质，碱性过大，不太适合栽培偏酸性水草。选择好砂后，可用自来水清洗消毒。最好能浸泡一天，然后将砂铺于缸中。

底砂的铺设

底砂的好坏以及铺设质量直接影响水草的生长状态和造景的美观。如果水族箱中种植了水草，无论鱼缸多大，也至少要铺设厚达 5 厘米的底砂，一般来说，铺设 8 ～ 10 厘米的厚底，更有利于水分和气体的交换以及使硝化细菌分布均匀，否则，不仅容易引起水草腐烂，而且，在底层的砂中因没有硝化细菌的分布与活动，容易导致砂砾硬化结节，甚至变黑。

在铺砂时，要将砂铺满整个缸底，均匀铺设，不能某些地方特别厚，某些地方特别薄。一般缸的前景部分会铺得略薄些，大约 5 厘米厚，背景部分会铺得略厚一些，约 7 厘米厚，形成一定的坡度，这样有利于观察。

一些朋友为了水草生长得更加丰盈，会在底砂中加入基肥，此时必须将基肥与底砂拌匀后铺在底砂的下半层，上半层则不需放基肥，以免污染水质。

如果你是细节控，可以拿一块洁净的平板，轻轻地刮平底砂，进行细节处理。有人认为底砂必须铺得很平，其实没有必要，造景模拟自然环境，底砂在保证基础厚度的情况下，有一些波纹其实更美观。在为水族箱造景之前，最好可以绘制一份水族箱的草图，根据设计方案，创造出一个贴近自然沙床的形态。

铺设好底砂后，就可以加水了，加水时水流宜缓不宜快，不能将铺好的砂弄乱，也不能将砂冲出坑，带出基肥，最好是在缸中铺一块板状物或塑料薄膜，也可放置水盆，让水进入盆中再溢出。

小贴士

底砂如果不够干净，会引起水质浑浊。这时需要用水管抽出脏水，重新注入清水。注水后，要控制好水温，在水中加入一些硝化细菌，能够起到分解和吸收各种腐烂物质及无机废物的作用，将它们转化为水草需要的物质。缺少硝化细菌的鱼缸，水生生物很容易生病，而且很难使水体透明，哪怕不停地过滤，情况也不会好转，底砂也很快就会发黑。

巧用山石，营造山水氛围

水族箱造景通常强调自然美、生态美，以回归自然、享受自然为目的，所以天然的素材一直受到人们的青睐，这其中岩石作为最常见的天然材料，成为造景中的独特风景。秉承山石盆景选材的选形要求，山石形状各异、大小不同，在布景中有着很强的设计感，如果运用得当，就能制作出一个集陆地景观与水族景观于一身的奇幻景象。

鱼缸中的石景

然而，并不是所有石头都适合水族箱造景，在追求美观的同时，还要考虑石头的安全性，有些石头化学结构不稳定，经过水的浸泡会有大量碳酸钙释放出来，增大水的硬度，导致水色浑浊。所以石材入水时最好要提前试验一下，不要等水质恶化再进行补救，那时就来不及了。

山石的选择

中国自古便有用奇石来装饰园林的传统，为水族箱选择山石，如园林置景一样，一般讲求从形、质、色、纹四个方面进行布置。形，指的是奇石的形态，要富有艺术感；质是材质，一般要坚硬、不溶于水，这样才不会对水质造成负面的影响；色是颜色光泽，石头本身的颜色要纯正美观，与水族箱里的其他造景搭配，也要协调、自然；纹则是指石头上的纹理看上去错落有致，不杂乱无章。

此外还需要注意的是，要尽量选择外表光滑浑圆、没有棱角的石头，石头的边缘过于锋利，小鱼们穿梭其间，会很容易受伤，发生感染。

山石的种类

山石种类很多，一般来说，以质地坚硬，表面光滑、大小适中，不溶于水，矿物质、盐分以及石灰质的含量都较少的岩石最为理想。常见的有太湖石、斧劈石、水晶石、珊瑚、钟乳石等，可以根据自己的设计需要和个人喜好来进行选择。

山石的种类和特点

种类	特点
太湖石	质地坚硬，表面光滑，没有棱角，形状多样。多为灰白色。在装饰水族箱时，通常选形状奇特，体积较小的石块，用来堆叠成假山形状。
斧劈石	花纹如国画中的“斧劈皴”，多为青色或黑色。它可以人工雕琢成奇特的形状，放在水族箱中会显得壮观秀丽，一般适合放置在大型水族箱中。
石笋石	质地硬中带软，颜色多为灰绿或紫褐色，形状似竹节，细长且白立。在使用前需要打磨光滑，以免划伤鱼体。
鹅卵石	表面圆润，形状大小不一，颜色多样，在山涧和溪流中均能找到。南京产的雨花石，就是一种著名的卵石。可以根据鱼体的颜色来搭配。
浮石	有较强的吸水性，质地松软，各种藻类植物喜欢附着在上面。适合栽种各种合适的水生植物。
珊瑚	珊瑚离开水后会迅速死亡，经长时间风吹日晒后会变成石头。其形态多样，种类繁多，在放置前要用水反复冲洗，去掉上面含有的碱性成分，不然会影响水体的酸碱性。养殖喜欢弱碱性水质的鱼类的水族箱比较适合放置珊瑚。
英石	质地坚硬，颜色为灰黑色，不适合加工，多数产自广东英德县。在水族箱内置景时宜选择一些个体较小，形状各异的英石。
钟乳石	钟乳石是一种岩洞中的石头，造型奇异，藻类喜欢附着在上面。此外，这种石头的材质，也适合根据个人喜好人工凿刻。
水晶石	晶莹剔透，形状多样，适合放在中小型的水族箱内。
麦饭石	此石头表面被细小的孔洞覆盖，没有光泽，能够过滤水质，吸附硝化细菌。在使用前，一定要用清水清理干净。适合放在饲养热带鱼的水族箱内。

山石的布置

在水族箱中摆放山石造景，也需要掌握一定的技巧和方法。山石的水族箱工程造景要考虑立体感和艺术感，不可随意杂乱地进行摆放，应该从整体出发，让整个的鱼缸看起来更加轮廓分明。

在布置山石的时候，设计者要将山石、水草以及鱼类的性质相联系，将特征相近的山石摆放在水族箱中，达到水土相服的效果。一般在造景的时候，不可只放置一块山石，而是要根据水族箱的大小，将几块或几种山石排列布置。对于山石的选择，往往依照个人偏好，或群峰林立，或怪石嶙峋，但从美观角度来考虑，在布置山石的时候，需要做到立体，遵循繁多但不凌乱、稀少而不单调的原则，用山石的造型奇峻，与水草的柔韧坚强形成对比，达成峰峦叠翠的自然景象。

山石的摆放数量不可过多，颜色不能太绚丽，才能体现出意境之美。在设计布景时，要主次分明，最好安排一颗主石为重点，再用一些小的石头衬托，由大到小，由高到低进行排列，形成一种自然山水的效果。主石的摆放尽量不要在水族箱的正中心，可以偏置在一侧，这样会更有艺术感。山石之间的缝隙不要过于狭窄，能够让鱼自由穿梭，而不会刮蹭卡住。有些朋友会在岩石间种上一些附着性强的低矮水草，来营造和谐的氛围。

小贴士

经常会有人将山石直接放在底砂上，但不久他们就会发现，浮搁在底砂上的石头会随着水流的作用发生位移，影响整体布局。其实有个简单的方法可以解决这个问题，在摆放山石时，可以根据石头的纹理、形状将一部分埋入底砂，这样就能够保持长久的稳定，不仅如此，这样的造景，还会给人一种被水冲积而成的感觉，增加了真实感。

自然和谐，乃水族箱的设计原则

水族箱造景的创意来源于人们常见的自然山水景观，将大自然的美景微缩到一个生态鱼缸中，模拟自然的生态原则来创造一个动物、植物、微生物平衡生长的环境，既可以美化环境，还可以陶冶情操。

然而，很多人在水族箱造景时经常殚精竭虑，得到的效果却仍不尽如人意，不是这里显得生硬，就是那里摆设不够协调。如何打造一个理想的水族箱，成为让人挠头的问题。

其实，水族箱的造景，有着自己的规律，只有遵守多样与统一、协调与对比、均衡、韵律和节奏四大原则，才能建立一个令自己引以为傲的水族箱，充分享受水族箱带来的乐趣。水族箱设计需要遵循的基本规律：

做好规划，明确风格

每一个理想的水族箱，都有着它独特的风格。很多朋友在造景前，往往不做规划，没有想好主题，就开始选材造景。发现好看的材料就采购回来，一股脑布置到水族箱中，完全不讲究是否搭配，这是最要不得的。水族箱容积有限，一个整体造景，要明确一个主题风格，有所取舍，不能混搭，否则出来的效果就会不伦不类，看上去杂乱无章。

来源自然，贴近现实

造景设计的目的是模拟自然，所以在自然景观的营造上，要尽可能逼真，贴近现实。在设计水族箱时，要造的景观不要标新立异，尽量采用自然中常见的景致搭配，同时要合乎常理，符合季节、节气，最忌讳凭空捏造，否则很容易就会失真，甚至闹出笑话。所以，造景人要热爱生活，细心观察大自然景观，这样才能造出理想的自然景观来。

分清主次，分割构图

在一个水族箱中，需要有一个焦点景观，作为视觉欣赏时的中心，其他景观都作为衬托，为焦点服务。如果焦点过多，就会令人视线不能集中，无法突显主题的特色。在造景里，焦点除了木、石以外还可以用颜色、造景的形态、水草形状和大小比例来作为重点的表达。这个重点的位置不一定要布置在景观的中心，只要符合基本的构图原则就可以。大家可以运用黄金分割的方法进行构图，也可以采用九宫格的方法，对景观进行切割布置。

营造层次，创造空间

在造景中要营造出层次感和空间感，将水草、山石、沉木以及其他造景材料按照形状、大小、颜色错落有致地摆放排列，创造出有层次的空间感。如果将造景材料整整齐齐地摆放，呈现出的画面就会显得死板、不鲜活。可以考虑按照水草深浅色调的层次摆放，来制造一种渐变感，来增加景观的层次，也可以按照水草叶片大小的差异，层叠种植水草，体现层次感。在景观的摆放时，可以设定一个中心线，用对称法，在两边布置大小相近的景观，亦可用不对称法，在焦点景观外制造不同景观，这些都是营造层次感的好方法。

动静结合，明暗变化

一个生动鲜活的水族景观，一定是动静结合的。除了饲养观赏鱼来体现动态之美外，水草的飘动、底砂的潜流、氧气的律动以及灯光带来的明暗变化，都能营造出动态的美感。一些对比色的搭配，也能够很好地体现出动态氛围，如绿色中搭配一点红色的元素，在水族箱的暗处放一点亮色的物料，如此整个水族箱的造景就会变得鲜活起来。

摆放牢固，大小协调

在选择水族箱的造景物料时，选材的大小及摆放都要严格把关，所用的材料大小、比例、造型既要与景观协调一致，又要便于置放，安全牢靠。一般选用大的物料做主景，小的物料做衬景，摆放时互相支撑，起到加固的作用，以免其在加水或管理操作过程中倒塌，造成水族箱破裂。

了解了这些水族箱造景的规律后，可以为水族箱造景理清思路。其实，水族箱的造景工程，就如同我们自家的装修一样，建议在造景之前先绘制设计图，根据鱼的习性、水草、岩石的比例和大小、数量和颜色进行整体规划，做到设计先行，有备无患，如此就一定能得到一个理想的水族世界。

水族箱漏水不要慌

设计好一个理想的水族箱后，接下来日常的维护就成了养鱼爱好者们的必修课，这期间很多人都会遇到一个令人头疼的事情，那便是水族箱漏水。水滴漏到地板和家具上，会造成严重的腐蚀现象，同时，鱼儿的生活环境也会受到影响。这个时候，不能着急，要冷静处理，耐心查找漏水的原因，这样才能解决问题。

一旦水族箱出现漏水，首先要把箱体移到平整的地方安置，进行多方面的观察，排查区分漏水的性质。一般情况下，漏水问题无非两种，即箱外漏水和箱内漏水。

箱外漏水

箱外漏水，是指漏水处并非水族箱内部，一般情况下，是相关配件故障，导致有水流出，多在箱底和底柜面之间，主要有三种可能。

1. 箱内密封过严。 水族箱在自然运行时，会产生水蒸气，如果密封过严，水蒸气无法正常排出，冷凝结成水滴后，就会顺着边缘缝隙流出，导致漏水。

2. 过滤槽和水泵故障。 过滤槽出水不正，就会有水溅出，将位置归正就可解决。另外，过滤槽和水族箱后背贴合太紧，导致水泵流量太大，浮水也会溢出过滤槽外，造成漏水的表象。

3. 气泵软管脱落。 增氧的气泵软管由于安装不紧，或者老化开裂，导致脱落，这时就会因为气压的问题，产生水的倒流现象，形成漏水。

在处理箱外漏水的时候，一定要关闭电源，让设备停止运转，然后再进行下面的排查工作，避免漏电。检查设备时，要用抹布吸干原先漏水的地方，以便准确找到原因。

箱内漏水

箱内漏水，常发生在以油灰黏合玻璃的不锈钢水族箱或以矽胶黏合的全玻璃水族箱上。根据水族箱的不同，原因也不一样。

油灰黏合的不锈钢水族箱漏水，多半是油灰磨损或开胶等问题引起。玻璃面上的油灰受到水压的压迫，发生破损，如果漏水现象并不严重，则无需大动干戈，修复时不需要放水，只要用油灰结合剂从外侧进行填涂即可。千万不要从内部填涂，否则会毒化水族箱内生态环境，造成潜在危险。如果漏水现象比较严重，就应先将箱内的观赏鱼和其他物品转移出来；然后把水放干净，用干抹布擦一下全箱；待箱内变干后，用胶枪将黏合性较强的玻璃胶注入开胶处，之后还要在外面补涂一层；大概 12 小时以后玻璃胶就能冻结凝固，这时才能把鱼儿转移回来。

矽胶黏合的全玻璃水族箱发生漏水，则要进行放水检查。放水后，要检查水族箱是否放平，然后要用水管或水桶缓慢注水，同时全面观察漏水情况，查看箱内玻璃结合处是否牢固。值得注意的是，水温和室温要相同，如果水温低、室温高，箱体内壁就会形成水蒸气，影响检查工作。

如果漏水是因为水族箱的玻璃受到了碰撞产生裂缝所致，这就比较严重了，甚至会发生水族箱炸裂的现象。一旦发现这种情况，必须及时处理。

首先，要把鱼儿全部转移出来，并将水族箱里的水排干，擦拭干净；然后，将玻璃胶涂抹在肉眼可见的裂缝上，里外都涂一遍；最后，再在玻璃外部粘上一面玻璃。

这样的修补方式一般只是权宜之计，不仅破坏了水族箱的美观，还有可能发生再次破裂。一般遇到玻璃破裂，还是及时更换一个新的水族箱比较稳妥。

解决水族箱的水藻难题

用水族箱饲养鱼类，不可避免地会有藻类存在。适量的海藻，有利于降低水中硝酸盐的浓度，还可以为海水鱼提供可口饵料。但是，如果不加以控制而导致藻类大量滋生，就不但影响观赏效果，而且造成水质污染，给鱼类的生存造成极大的威胁。为了避免这一现象的发生，就要及时清除过多的藻类。

水藻可以称得上是观赏鱼最大的敌人。在适宜的生长环境中，水藻会肆无忌惮地繁衍，侵占一切能够占领的空间。它们既能附着在水族箱的内壁上，也能在假山沉木上生长，还能够缠绕在水生植物的枝叶上，甚至连过滤系统中，都能见到它们的影子，鱼儿对水藻的侵犯束手无策，只能坐以待毙，等待主人的救援。

什么是水藻

水藻是一种低等水生植物，有着简单的生物构成，没有根、茎、叶，但含有丰富的叶绿素。人们一般通过颜色来区分水藻，除绿藻比较常见外，还有红藻、蓝藻和褐藻，无论什么颜色的藻类，对于水体的破坏都是极大的。它们能够在水中漂浮附着，以最野蛮的方式，侵占着水体空间。肆意繁殖的绿藻，会迅速消耗水中的含氧量，使水体变质变色，还会妨碍其他水生植物的光合作用，使水体的含氧量降低，水体变色，水质变坏，导致鱼儿和水草相继死亡。

造成藻类滋生的原因，归根结底还是因为水族箱的养护不得当，清理不及时，造成水质的污染。观赏鱼每天都会进食和排便，大量的食物残渣和粪便，如果不及时清理，就会给水藻提供赖以繁育的养分。水藻的繁殖能力超级强悍，稍有疏忽，就会造成泛滥。此外，藻类非常喜欢光照，光的照射可以促进藻类的生长。

根据藻类的特点，我们可以对其进行针对性的限制，比如减少光照，抑制藻类的繁殖，清理箱内的污染物，不给藻类提供繁殖的温床。勤换水，增加箱内水体的流动。不过，这些都只治标不治本，所以我们还需要一些手段，来对藻类进行全面围剿。

常用的除藻方式，根据其方式和原理不同，可以分为物理、化学、生物三种。

物理除藻

物理除藻就是要动用人力，拿刷子去刷除泛滥的藻类。刚设立的水族箱最易滋生茶褐色的硅藻，它们多附着于缸壁表面或珊瑚上，可用海绵轻轻擦去。当硝化细菌繁殖稳定后，硅藻就会逐渐减少。当硝酸盐浓度升高时，水族箱中还会出现红褐色的黏稠状海藻，可以用手摘除。但这些方法并不能根除藻类，还需要找出藻类滋生的原因，判断到底是饵料投喂过多、鱼群密度太大，还是过滤器运转情况不佳，使有机物积累过多，需要根据污染源采取措施。

可以考虑到市场上买一个水族箱专用的磁力式刮藻器，结合换水，每周清理一次，可确保水族箱生态系统平衡运转，能起到不错的除藻效果，就是实施起来有点麻烦，有些边角的地方不容易刷到。当然，要是连水族箱里面的水草、沙石等其他装饰品也不幸被水藻盯上了，这个时候除了心疼之外，还要将它们一一取出来耐心刷洗，再用盐水消毒。而水草枝叶上的水藻只能一一修剪掉，并添加吃藻类的水族生物。

化学除藻

指通过化学除藻剂进行除藻。这种方式的优点是，药剂可以轻松渗入物理除藻接触不到的边边角角，对任何藻类都能起到很好的消除作用。同时，它的缺点也很明显，化学药剂如果使用不得当，配比不合理，就会对水体会产生影响，甚至危害水族箱中的鱼和观赏植物。

生物除藻

即通过补充一些以水藻为食的生物，进行除藻。生物除藻不仅非常环保，而且还能增进水族箱生态的多样性。下面给大家介绍几种常用的除藻生物。

笠螺：在除藻水族生物里排第一，除藻能力超强，据说只要嗅到藻类的气息，连外置的过滤进水口都可以爬进去清除。

苹果螺：有着超强的繁殖能力，可进行大面积除藻。

黑壳虾：以水中杂藻为食，体质较弱，水质变化就会死亡。

大和藻虾：食欲相当旺盛，一天不停地进食，除藻效果惊人。

小精灵：学名筛耳鲶，是一种喜欢吃水藻的鱼类，体形细小，能游入极为狭小的空间，吃尽苔藻。

除藻螺

需要注意的是，养螺类是除藻的一个好办法，但也要注意养殖的密度。螺类养殖过多，分泌的黏液也就越多，黏液会堵塞鱼的呼吸鳃孔，影响鱼的呼吸。

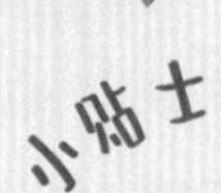

小贴士

除了藻类，在水族箱中还时常会出现一种结晶状的盐类物质，既会危害鱼类，又会损坏器具，因此平时投饵时要注意用抹布将其擦去。

Part

4

要想鱼养好，设备很重要

照明设备，给鱼儿多彩生活

对于观赏鱼来说，光照的作用就如同阳光于人类一般。

观赏鱼的性腺发育，需要一定的光周期变化，太强或太暗，对鱼类的正常生长都是不利的。观赏鱼鲜艳的体色，也受到光照的影响，长期强光照，体色会变得洁白而无色彩，而缺乏光照，其体色容易失去光泽而变得灰暗，甚至完全褪色。

水族箱

除了鱼儿，水族箱中的水生植物也必须在适宜的光照下才能进行光合作用。光合细菌需要足够的光照，长期的阴暗环境会使植物枯萎，光合细菌死亡。

为水族箱安装一个照明系统，可以为观赏鱼提供必需的光照。

照明系统，使人们在观赏鱼和水中其他生物正常生活时可以不受放置地点和时间的限制，并可以随时进行管理。

照明灯分为几类？各有什么优缺点？

水族箱内照明设备的材料选择、照明强度、安装位置，都必须根据所饲养的观赏鱼对光照的要求和观赏效果来确定。最初，人们使用白炽灯，后来因为其耗电大，照明面积小，而逐步改用了其他一些产品。

照明灯的优缺点以及建议

名称	优缺点	建议
日光灯	既省电，照明面积又大。	一般设在水族箱顶部或其前上方，其亮度以能使水族箱内景物清晰、水生植物生长正常为宜。
紫外杀菌灯	既可照明，又具杀菌功能，是一种理想的人工光源，但价格稍贵。	主要用于 66 厘米以下的小水族箱的照明。
节能灯	灯管为 U 型，其照明会集中于某一范围。	体积小，适用于迷你缸。
卤素灯	光束集中照射于某一限定有限范围内且透光率较佳。但其缺点为照射的范围（面积）窄小，需使用多支灯方能均匀地照射到全缸。	通常设置于鱼缸上部，适宜大型鱼缸和高难度水草的饲养。

（续表）

金属卤素灯	灯管中有卤素气体，能发出强烈的青蓝色光，光亮度较日光灯管强上许多，价格稍高。	适用于较大较深的水草造景缸、岩礁生态缸。由于它含有紫外线，必须与玻璃滤光器配合使用，并离水族箱 40 厘米以上。
水银灯	不适合用在海水水族箱中，只能在淡水水族箱中使用。	紫外线辐射比荧光灯强。一般要悬挂在水族箱上方 20 厘米的地方，如果是夏季，就要将距离增加 10 厘米。
PL 灯管	能发出亮丽的白光，不会产生太多的热量。	售价较高，寿命较短，使用不多。

照明时间与控制

在使用照明设备时，应遵守适度原则。如果光照时间不够，鱼的表面会逐渐褪色，水生植物将无法进行光合作用；而如果光照时间太长，光线太强，鱼表面的斑点会变成白色，这会导致藻类的滋生，危及箱内的生态环境。

因此，在控制光照时间和水族箱的光照时，应考虑两个方面，即光照时间应适中，既不能太多也不能太少，光照变化时应充分考虑鱼类的情绪。开放式照明应尽量模拟自然光，照明时间应控制在 8~10 小时内，最好不超过 12 小时，否则会引起其他问题。

鱼是容易受到惊吓的动物。在水族箱中，光照强度的变化会使鱼受到惊吓和刺激。光照变化太大，鱼会恐慌和失去食欲；在严重的情况下，鱼会失去控制，漂浮在水中，进一步击打玻璃，伤害自己。

下面的表格就是水族箱的大小和所需光照度的关系，在此仅供参考。

水族箱的大小和所需光照度

水族箱长度（厘米）		120	90	75	60	45	30
日光灯	功率（瓦）	40	30	30	20	15	6
	数量	2	2	1	1	1	1

小贴士

灯管上的英文字母表示什么含义？

灯管大都用英文字母来说明性能：

C：色温，单位用 K 来表示。

Cr：颜色、色彩。

N：自然的、天然的。

NA：自然的绿色光系，以加强绿色水草使之显现绿色为目的。

B：蓝色系光，常以 BL 表示。BR：则指植物灯。

R：玫瑰色或红色。FR：为近红外光。

PL：紫色。

GR：绿色。

OR：橙色。

PK：粉红。

D：昼光色，光的颜色接近“淡黄色”。

GL：杀菌灯。

加热器：热带鱼的生活必需品

饲养观赏鱼，鱼缸的温度是很重要的，鱼儿只有在温度适宜的时候，才能健康生长，温度高了低了，对其都有影响。同时，观赏鱼对水温的变化非常敏感，即使很小的变化，都有可能导致其生病甚至死亡。这时就需要用加热器来控制水温了。特别是饲养热带鱼，必须购置加热器。冬季在寒冷的地方，即使是饲养金鱼也应准备加热器，以防暖气暂时停供等意外发生，造成不必要的损失。

加热器有哪些种类？

常用的加热器有两种：一种是潜水型加热器，此种加热器完全沉在水底；另一种是半潜型的加热器，此种加热器的加热丝沉在水中，控温装置在水面上。两种类型的加热器各有优缺点，潜水型加热器较为科学实用，可以完全放在水底，使水族箱内的水体均匀受热，当为观赏鱼换水时，加热器可以避免因完全暴露在空气中而遭到损害。使用半潜型加热器，在换水时一定要先断掉电源，如果没有断掉电源，让加热器在空气中加热，当再次向鱼缸中倒入清水时，很容易引起加热器上的加热管爆裂。在选择加热器时，最好选择能自动断电的加热器，这样当水中的温度达到适宜范围后，就能很好地防止水温升高，保持恒温。

根据是否控温，加热棒又可分为控温加热棒和不控温加热棒。

常见的不控温加热器，也就是电阻丝加热器。其电阻丝绕在陶管上，外面是耐热、防水的玻璃管，导线则经防水密封胶盖连接电源。这种加热器可直接浸入水中使用。不控温的加热棒制作简单，价格相对便宜。

因为不控温加热器在使用中导致了很多问题，现在大部分养鱼爱好者选择使用控温加热器。其设备整体简单，安装比较方便，部分产品还带有恒温装置，安全性和功能性都提高了很多。

如何选择合适的加热器？

选择加热器，功率匹配是必须考虑的问题，一般来说，每 5 升水需 10 瓦的功率。也就是说，如果水族箱的容积为 100 升，应选用 200 瓦的加热器。大型的水族箱配小功率的加热器，将无法达到所需的环境温度。而小鱼缸如果使用大功率的加热器，由于小缸散热快，加热器将频繁启动和关闭，极易损坏恒温控制元件，而导致加热器故障，其寿命自然会大打折扣。

对于加热器的性能，一定要把好质量关，如果加热器的性能差，危险性就非常大，当加热器非正常工作，水就会迅速升温，甚至沸腾，水中的鱼自然难逃被热死的命运。而高温还会引起玻璃缸爆裂。

现在越来越多的鱼友喜欢使用控温加热器，这种加热器设定好温度后就能自动运行。当温度下降时，加热器内的双金属片发生变形，导通电热丝，非常安全方便。

安置加热棒

如何安置加热器

安装加热器时，一定要注意安全。在加热器入水前，切勿通电。加热器在空气中升温十分迅速，会造成烫伤，温度过高时，还易炸裂。不要将加热器直接接触玻璃，玻璃受热不均匀会爆缸。此外，要将加热器固定稳妥，避免鱼儿在游动过程中，撞击加热棒。安置时，可将加热棒斜放或者平放，使其达到更好的散热效果。如果想安放两个加热棒，那最好是将它们分别放在水族箱两边，来均匀加热。

此外，加热棒还可以配合水温计使用，这样可随时监控水族箱内水的温度，方便调节水族箱内水体的温度。另外，无论是箱外挂壁式的温度计，还是水中沉浸式温度计，都应放在离加热棒最远的地方，这样测量到的水温才比较恒定。

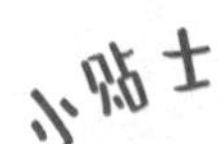

小贴士

加热器还有一些好处，比如用于治疗病鱼，还可以为一些鱼类提供较高水温以促其愈合哦。

鱼儿也要“有氧运动”

如果说水是生命之源，那么氧气就是生命的动力。鱼儿虽然是生活在水中的动物，但它们也需要呼吸，需要氧气的“资助”。

绝大多数的鱼的身体结构决定了它们用鳃呼吸，通过吸入水中溶解的氧，完成呼吸的过程。水族箱中的水是有限的，且不像自然界中的水时刻在流动，不能保证氧气长期存在。如果供氧不足，鱼儿就会因缺氧而死亡。

氧气泵

所以，为水族箱添置增氧设备，是维持箱内生态平衡的必然之举。增氧设备可以提升水的含氧量，维持水的活力，让鱼儿随时都能享受新鲜的氧气，健康成长。

充氧机又被叫作空气泵或打气机，是一种微型空气压缩泵。充氧机能使水族箱内保持适宜的氧气浓度，并促使水族箱内水体上下循环流动，增强水体的过滤效果。

充氧机的选购窍门

1. 确定功率大小

在选购空气泵时，可以根据水族箱的大小以及观赏鱼的耗氧量来确定空气泵的功率。切记空气泵的功率不要太大，因为大功率的空气泵会产生较强的水流，容易影响观赏鱼的正常生活。

2. 检查充氧机出气量

购买时，需要检查出气量，可以在现场将气头放入水中，看其出气量大小以及调节是否正常，选择出气量较大、出气顺畅的充氧机。

3. 工作声音

充氧机工作时会发出声音，因此选购时，应尽量挑选声音小的产品。因为增氧设备经常需要 24 小时开机，声音大的充氧机，不仅会对水族箱内的鱼儿造成影响，也会对饲养者的生活环境造成影响，甚至会影响其工作和睡眠。

4. 发热程度

充氧机的电机需要长时间使用，这样难免会有发热，如果是高质量的设备，发热则不会特别明显，但如果只工作了几分钟，就烫手甚至还有焦味，那么这种充氧机就不值得购买。

充氧机的安装和安放

充氧机的类型不同，其安装方式和安放位置也不一样。常见的带有循环效果的充氧机，工作时需要将气头放置在水中，否则机身很可能因为发热而烧毁。

增氧量和频率的控制

观赏鱼的大小和数量，决定了其所需增氧的量和频率，使用时要按照需求进行调节。饲养小型观赏鱼或者小鱼苗，一定要把增氧量调到最小，以免鱼儿惊慌失措，发生危险；而大型的观赏鱼，所需的氧气比较大，那就需要把增氧量调大一些。另外，密度越大，鱼群所需要的氧气就越多，增氧量就要随之增加，反之，密度越小，所消耗的氧气就越少，增氧量就可以适当减少。

小贴士

增氧泵上的气板、气头使用久了，经常发生冲不出气来的现象。这种情况主要是因为气板和气头是长期浸没在水中的，它的细小孔隙会积聚污物或者着生青苔，有时污物和水还会倒流入塑料管内，这些情况都会导致阻塞。因此，要经常检查管内有无积水、有无杂物，发现不通畅就要及时加以疏通。此外，增氧泵的皮碗破损漏气，或是其他部件受损失灵，也会产生不出气的问题。

建立完善的过滤系统

给鱼类提供理想的生活环境，就要保证水体清澈，没有污染和有害物质，但无论多大的水族箱，都没办法做到像大自然一样的水域空间，养殖密度大，水量小，很难解决水质问题。这时就需要用到过滤系统。

过滤器的原理就是：通过水泵把水抽到过滤器里，通过过滤系统，让水在缸中形成循环对流。一个好的过滤系统，其过滤通常是全方位的，包括物理、化学、生物三种方式，这几种方式相辅相成，缺一不可。

物理过滤：物理过滤是以滤棉的絮凝作用，吸附悬浮或沉积在缸中的肉眼可见的颗粒物和部分微生物。物理过滤的主要材料是各种过滤棉。

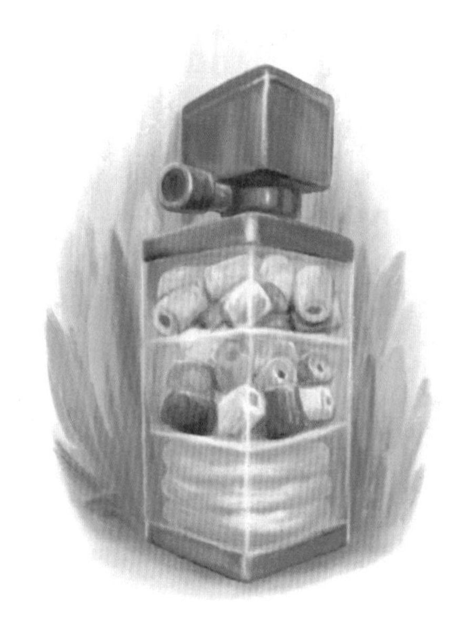

过滤系统

化学过滤：通过化学反应方式来消除水中废物和有害物质。

生物过滤：依靠有益的生物菌群，来将水中的有害物质分解成无害的物质。生物过滤需要生物载体，给硝化细菌提供良好的生长、繁殖温床，让硝化细菌能够更好地繁殖、生长。

生化过滤器的主要材料有生化棉、生化球、陶瓷环、珊瑚沙、塑料丝。

不同的过滤系统有着不同的滤材。滤材的材质、大小、形状以及安装位置各有不同。在选购前，一定要根据自己的实际需求进行配置。

过滤系统的特点以及选购事项

名称	特点	选购事项
过滤棉	过滤棉的纤维结构细密而有弹性，不但能充分过滤水中较大的悬浮物，还能为硝化细菌提供大量的栖息场所，进行生化过滤。	要定期进行清洗与更换。更换过滤棉的频率与其材质紧密相关，如果是合成纤维，1个月左右的时间换一次；如果是聚酯泡棉材质，3个月左右的时间换一次；如果是生化棉材质，6个月左右的时间换一次。
生化海绵	生化棉就是大孔隙海绵，可以过滤大颗粒杂质，也是硝化细菌的良好载体。	生化棉的孔隙容易堵塞，一般放置于过滤棉下面使用，在更换活性炭时，可同时用换出来的原缸水清洗，以免损失大量硝化细菌。
活性炭	活性炭是目前水族箱里不可缺少的化学滤材之一，其多孔的结构和超强的吸附能力可以去除掉水中的杂色、细菌以及微小颗粒。	活性炭的微孔一旦填满，不但就会失去作用，而且还会变成有害细菌的繁殖基地，所以一般一两个月就要更换一次。
玻璃环、陶瓷环	陶瓷环拥有较大的表面积，其多孔的内部适合厌氧菌生活。玻璃环较陶瓷环效果要好，同体积的玻璃环表面积比陶瓷环要大6～8倍，能为硝化细菌提供更多依附空间。	表面积越大，可供有益菌附着的面积就越大，有益菌就越多，过滤效果就越好，其通气性也会更好。一般放在生化球下面，也可单独使用。
麦饭石	麦饭石又名吸氨石，内部含有很多微量元素，还具有一定的吸附能力，除了可以清除氨离子，还可以吸附有毒的有机物及有害气体，也可以净化水。	在海水缸或者高盐分的淡水缸里并不会有多大的作用。
生化球	生化球的表面积大，是硝化细菌的良好载体。主要应用在爆气池中，利用爆气池充分的水和氧气对无机盐类物质进行生物分解。	生化球持续浸泡在水中，会造成其附载的硝化细菌供氧不足。最好放置于水和空气的混合体流经的部位，这有助于发挥其最大的效应。

辅助小工具，总有大帮助

除了必要的设备外，一些常用的小工具在养鱼的过程中也能帮到你很多，起到不可替代的作用。下面介绍一些实用的小工具和设备。

测量仪器

测量器具有水温计、密度计或盐度计、pH 试纸或 pH 测定仪等。

水温计用于测量水温变化。水族箱常用的温度计一般有两种放置方法：一种是外壁胶贴式，另一种是内壁吸盘式。从测温原理考虑，有水银式、酒精式和液晶式温度计，还有计算机控制的自动显示和记录的温度计。

选购时，要选择易观察、显示清晰和安装使用方便的温度计。

通过将密度计或盐度计悬于海水水族箱中测量海水的盐度，可以视蒸发量补充淡水。

pH 试纸或 pH 测定仪则被用于定期测定水的 pH 值，以便据此调整水的酸碱度。

网具

观赏鱼不宜直接用手捕捉，可用抄渔网来转移和捕捞鱼。抄渔网一般为塑料材质，也有的用金属丝制造。购买抄渔网时，要选择抄渔网边框毛刺较少、材质柔软、不会脱丝的，另外网目要适宜。网目过大，易卡住鱼的头部或鳍，使鱼受伤；过小，水阻力大，使用不便。此外，还有一种网目特别小的浮游生物网，这是打捞活饵料的专用网具。

虹吸管

主要用于部分换水、吸取鱼粪便、洗沙等场景，通过液体产生虹吸现象，将水族箱中的水引流出来。

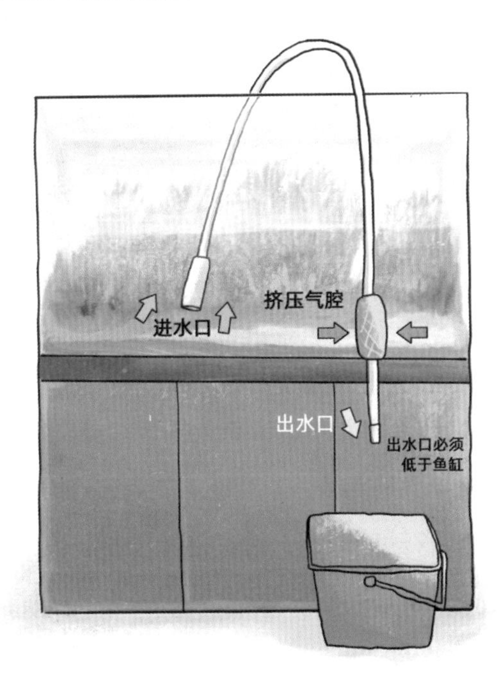

吸虹管演示

如果水族箱比较小，可以采用滴管式的吸虹管；比较大的水族箱，通常都用长管式的。在使用的时候，虹吸管内必须预先装满液体，并且出水口要保持比箱内的水面低，这样才能有效保证水的流出和对污物的吸除。

食斗

在饲养鱼时，为了防止鱼食在水族箱随意飘洒，可以使用食斗。食斗的好处很多，可以培养鱼儿在固定地点进食，有助于鱼儿规律摄取食物，并且可便于观察鱼的进食量，发现有吃剩的鱼食能及时取出，以防溶入水体，污染水质。现在有一种自动喂食器，起到的也是食斗的作用。

臭氧机

臭氧机是一种可为鱼类提供臭氧的小型辅助设备。臭氧具有杀菌、氧化和脱臭的作用，它可以有效抑制浮游性藻类生物的生长，改良水质，提升过滤设备的工作效率。

刮苔器

刮苔器主要用于刮除附着于玻璃面上的青苔或杂质。目前比较常用的是磁力刷，使用时，将磁力刷一端放在水族箱玻璃内壁，另一块对应吸在水族箱的外壁上。移动磁力刷，附着在内壁的绿苔等杂质就会被刷子擦掉，而无需换水，因此可以省去很多时间。

除了这些辅助设备外，一些养鱼多年的鱼友还会配备储水桶和水桶，如果采用自来水、井水等水源，则需要用储水桶进行养水，并在曝气、充氧后使用。水桶的作用很多，可以用作换水，也可装运鱼及饵料，必要时还可以当暂用寄养缸。

一些鱼友喜欢自己配制饲料和活饲料，这个时候就需要饵料暂养缸，每当打捞回或购进一批活饲料，可放养于暂养缸中待用。

对水草感兴趣的鱼友，还可以购置专门的水草夹和水草剪。水草本身比较脆弱，在日常维护时，用一般的设备夹取，很容易破坏水草的细胞组织，而使用专业的水草工具，则能够保证水草的种植效果，促进水草的生长和美观。

这些辅助工具，可以根据自己的需求，有针对性地配置，不必什么都买，这样既可节约开支，又不至于浪费。

Part

5

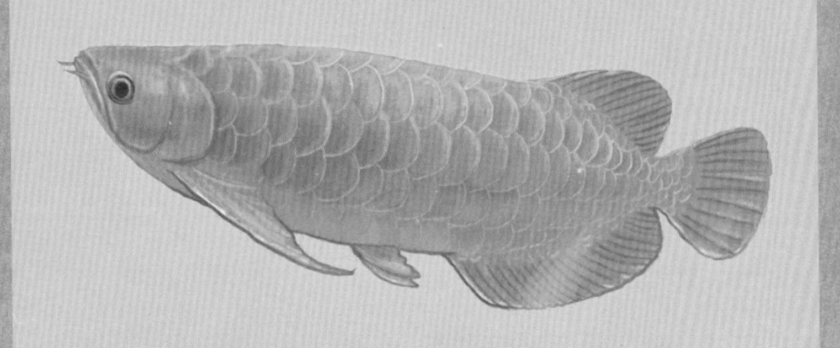

养鱼先养水，水质有讲究

鱼水也有新老生熟之分

我们经常听到鱼友们说“养鱼先养水”。水的状况就决定着鱼的生长状态。那什么是养水呢？有人可能会认为，将水温调节到鱼适应的范围就是养水，也有人认为，水质处理清澈干净就是养水。其实都不全面，养水不光是要控制水温水质，还有很多门道在里面。

饲养观赏鱼的水要如何分类呢？其实水也分新老生熟。

新水，并非刚从自来水管中接来的水。新水其实是新鲜的井水，或是已经晾晒过 2 ～ 3 天的自来水。这种水经过晾晒之后，其水温和水族箱中的水相似，而且纯净透底，能够给鱼使用，也就是人们常说的新水，也被称作熟水。

刚从自来水管中放出的水，水温和水质都打不到观赏鱼的饲养标准，这种水被称作生水，是不适宜养鱼的。

相比于生水，新水可以供鱼使用，但未必是最适合鱼儿的水。因为它太过干净，水中没有硝化细菌，与自然界中鱼儿生活的环境并不一致，同时，鱼儿的排泄物、食物残渣等也得不到有效分解，最终会因变质而生成氨，如果不能及时进行过滤和处理，鱼儿极易中毒得病。

这种被污染了的需要更换的水，叫做陈水。

熟水

与陈水不同的是，还有一种水，叫作老水，是指经过晾晒的熟水，在水族箱中得到了充足的滋养，经过过滤系统的流动和硝化细菌的繁育所形成的洁净且呈嫩绿色的水。老水中含有许多观赏鱼喜食的腐殖质、微生物和藻类，最适合鱼儿生长。此外，这种水中腐败分解的有机质少，溶氧较多，能建立起良好的生态循环系统，对鱼儿的生长非常有益。在这种水质中养出的鱼，一般都食欲旺盛、体肥身壮，极其健康。

不过，老水如果管理不好，很可能变为“陈水”或“污水”。同时，水呈绿色不宜观赏，所以用于观赏的鱼缸并不需要老水，因为老水中的辅助食物，在人工喂养下也是完全可以提供的。

如果水族箱中的老水突然变成了澄清的水，而且有许多绿色杂质沉淀到缸底，这种水就叫“回清水”。导致这种水出现的原因，是由于水中藻类和微生物含量太多，耗尽了水族箱中的氧气，水质就会变得“外清内毒”，成为有大量厌氧性有害细菌的死水。当然，这种水是不适合鱼儿生活的。

要想让鱼儿健康茁壮地成长，最好是让它们一直生活在老水中。但是，初次加入的水必定是新水，如何才能让它快速变成适宜鱼儿生长的老水呢？

在饲养观赏鱼中，采用老水养鱼是非常重要的技术。能使水快速变成老水的技术措施主要有：

1. 适当减少投喂量，甚至可以停食 1 ~ 2 天，让观赏鱼啃食缸壁的青苔，促进水体的快速自净，这样可在一定程度上促进藻类菌丝分裂繁殖。

2. 在鱼缸中倒入一些预先留好的干净的老绿水，其实就是进行绿藻的简单接种，促进水体快速转绿。

3. 适当的光照，促进缸内藻类光合作用的进行，最好是晒太阳。

4. 要适当控制鱼缸彻底换水的次数，不要一见到鱼粪就换水，以便为鱼缸内的藻类保留一部分营养。

5. 适当控制缸壁青苔的生长速度，不要把缸壁的青苔洗刷得太干净。一般夏季青苔生长速度较快，2 ~ 3 天就可以长出来，此时可以多刷去一些，而且要勤刷。在其他季节，特别是入冬后，青苔不但生长速度慢，而且易死亡，此时要注意保护青苔，只有这样人为地进行保护，才可能让饲养水尽快地绿起来。

关于饲养水的常规知识

观赏鱼对饲养水有着严格的要求，无论取自何处的水源，都要经过处理，才能供鱼儿使用。下面就介绍一些有关饲养水的常规知识。

晾晒

观赏鱼的鱼饲养水，不管是哪一种水，最好晾晒三日。因为新换水与原养鱼水的水温不可能是完全一致的，所以要通过晾水来提高新换水的水温。晾水的好处很多，太阳的紫外线可以有效杀灭水体中的病毒、病菌；如果是自来水，可使水中氯气溢出；还能增加溶解氧；此外，还可以降低水的酸碱度和硬度。因为空气中的二氧化碳和水结合，生成不稳定的碳酸，使水体中的 pH 值减小，而且碳酸还可以和水中的钙离子发生化学反应，生成不溶于水的碳酸钙，从而降低了水的硬度，有助于鱼的生长发育。

除氯

自来水经过晾晒可以清除氯气，如果急用时，可用棍棒搅拌 20 分钟，再用喷头出水。也可以在水中加入硫代硫酸钠（即大苏打），搅拌几分钟即可。一般 10 升水中只需加半粒黄豆大小的硫代硫酸钠即可。

煮沸

冷水经煮沸，可以杀灭病菌、寄生虫等有害物质，硬度减弱，碳酸化合物暂降，但硫酸化物、氯化物不能排除。另外，冷却后的水应重新充氧。

煮沸水

过滤

严格讲，名贵观赏鱼的饲养水都应该在进行过滤后使用。如果急用时，可在未过滤的水中，滴入双氧水数滴。

水体硬度

硬度在 8° DH 以下的水为软水，硬度在 8 ~ 14° DH 的水为低硬水，硬度在 20° DH 以上的水则为高硬水。最简便的测试方法是以肥皂水定性。在水中滴入肥皂水，水中呈云雾状或絮状为硬水，没有上述现象为软水。硬水中加冷开水可降低硬度；软水中加入井水、地下水、泉水可增加硬度。

酸碱度

用试纸测定水的酸碱度，根据需要加以调节。如水为酸性可加入碳酸氢钠（小苏打），再用试纸测定；若水为碱性，可加入磷酸二氢钠，用试纸测试 pH 值。pH 值范围 0 ~ 14。pH 值为 7 时为中性，小于 7 时为酸性，大于 7 时为碱性。水的酸性高，会具有腐蚀性，pH 值小于 5，会引起鱼酸中毒、呼吸困难死亡；pH 值大于 9.5 ~ 10，会引起鱼碱中毒；pH 值小于 6.5、大于 8.5，水体自净能力下降；pH 值范围 7 ~ 8.5，有利鱼生长。

海水取舍

如果用海水养鱼，应选择生长珊瑚礁范围内的海水，不能随便在沙滩边取水。以涨潮时的海水为佳。所取海水应以塑料桶装。应将珊瑚沙放入滤器中，或在水中放入切开的蛤蜊壳，在 25℃ ~ 26℃的水温中 2 天处理后取用。若喂养来自冲绳、大西洋、印度洋中的海水鱼，以 pH 值为 8.2 为宜，亦可使用人工海水。饲养淡水鱼用淡水，海水鱼用海水，半咸水鱼可先在淡水中养几天再转入含低盐的水体中饲养。

换水要科学，切勿太盲目

饲养观赏鱼的核心问题就是水质问题，水质直接决定了水族箱内的生态平衡。老水是鱼类最喜欢的水，在这种水质状况下，鱼类能够更加健康快乐地生活。但是，老水的状态无法长期维持，水质会随着时间推移慢慢变化。鱼在其中生活一段时间后，老水的水质会越来越差，鱼的残饵、粪便等会沉积在箱底，时间长了就会腐败分解，恶化水质，降低溶解氧，对鱼的生长极为不利，严重者会引起鱼死亡。

水质过滤可在很大程度上改善水质，但要彻底清除箱底的残饵、粪便，就必须进行换水。更换水的时间和频率通常根据水族箱的大小、鱼的放养密度和水的污染程度等多方面因素决定。

一般情况下，水并没有受到特别的污染，只需进行常规换水，我们此时可以采用 部分换水法。

所谓部分换水法，指在需要换水的时候，不能盲目地将水倒出来、放进去，而是有讲究的。正常情况下的换水一般采取“部分换水法”，方法是将水族箱中的鱼全部捞出，然后将鱼水呈旋风式搅浑，静止片刻后，再放入专用的虹吸管，将中央的废水和水底的废物吸出大约 1/3，最后注入等量的新水。新水注入完毕后，再把鱼儿放入水族箱内。

在换水的时候，要尤其注意鱼儿的状态。特别是对于一些体质较娇弱的鱼儿来说，在换水时，温度稍微相差了一点，就可能会直接导致它们的死亡。因此，不管是在将鱼移出来换水或是将鱼移入箱，都得十分注意。在入箱的时候可以将装鱼的塑料袋一起放入水族箱中，过一会儿后，用温度计测量袋中原始水温是否和水族箱中的水温保持一致，若温差几乎为零，就可以将鱼儿从袋中放出。这种方法比较简便安全，鱼儿也能很快适应水温。

给鱼缸换水

当水被污染严重时，就要彻底换水了。

无论因为何种原因，只要水遭到严重污染，就要给水族箱进行彻底换水。彻底换水的方法是：用抄鱼网将鱼儿转移到水桶中暂养，水温要与水族箱内水温一致，并在盆内加入增氧设备，用刮藻器刷去黏附在水族箱壁上的脏污，并进行彻底冲洗，而后注入新水，放置一段时间，等新水水温与室温环境相等后，将鱼捞回水族箱中。

彻底换水尤其要注意水温，换水时一定要使用提前处理好的水，最好选择晴天的早晨 9 时前进行。一般在春、秋季节，每隔半个月可以彻底换水一次；夏季水温高，微生物生长迅速，水质很容易被污染，一般一周左右，就应彻底换水一次；冬季水温低，鱼儿活动会变得缓慢，食欲减少，水不易被污染，尽量不要彻底换水。平时也可以在水体中添加适量净水剂，如在新水中加入除氯、氨的水质稳定剂对水质加以调整，帮助稳定水质，提高水体含氧量。

值得注意的是，虽然换水的目的是清洁水质，但彻底换水，很容易对鱼儿的生活环境造成较大的改变，操作不当，就有可能对鱼儿造成伤害。所以换水要注意频率和换水量，要有规律地进行换水，并在尽量保持在鱼儿健康状态的前提下进行。

小贴士

给水族箱消毒的一些常用药物

杀菌药有漂白粉（1毫克/升），漂粉精（0.1～0.2毫克/升），二氯异氰尿酸钠（又名优氯净，0.3毫克/升），三氯异氰尿酸（又名鱼安、强氯精，0.3毫克/升），氯胺T（又名氯亚明，2毫克/升）。

杀虫药有硫酸铜、硫酸亚铁合剂（5：2，0.7毫克/升），90%晶体敌百虫（0.2毫克/升），灭虫灵（0.5毫克/升）等。这些药物都可用于水族箱的消毒。

水的酸碱有标准

水的酸碱度是一项重要指标，主要是指水体中的氢离子浓度指数，它以 pH 值表示，通常 pH 值是在 0 ~ 14 之间的数字，当 pH 值小于 7 时，水体呈酸性；当 pH 值等于 7 时，水体为中性；当 pH 值大于 7 时，水体呈碱性。水的 pH 值可用 pH 试纸或 pH 测定仪来测定。观赏鱼对酸碱度的高低都较为敏感，因而我们要根据鱼的不同习性调节水的酸碱性。

PH 检测

对于鱼儿的生长来说，水的酸碱度是非常重要的，尤其是热带鱼，因为产地的不同，对水酸碱度适应的范围也大不相同。比如中美洲出产的热带鱼适宜弱碱水质，非洲出产的热带鱼适宜弱酸水质，而东南亚出产的热带鱼则适宜中性水质。

目前市场上出售的大部分热带鱼，由于人工饲养的时间比较长，对水质的适应力也变强了许多。总体来说，虽然热带鱼适应能力变强了，但是对酸碱度的承受范围还是比较小，绝大多数热带鱼能在 pH 值 6 ～ 8 之间的水质中生存，而最适宜生长繁殖的 pH 值为 6.5 ～ 7.5。当 pH 值低于 5.5 时，鱼儿对疾病地抵抗变得极差，极易患病死亡；当 pH 值高于 9.5 或低于 4.5 时，鱼儿会直接死亡。实际上，只要酸碱比例持平，pH 值保持在 7 左右，基本适合鱼类生长。但如果你把喜欢酸性水质的鱼儿直接放到偏碱性的水里面，鱼儿肯定难以健康生存。

除此以外，水质的酸碱度变化对水体中的其他生物生长也有影响，特别是当 pH 值高于 8.5 或低于 6.5 时，对硝化细菌影响最大，它们会直接停止分解氮、氨等物质，使水族箱内水体净化的能力下降，使水质迅速恶化。

如果鱼儿密度过大、水中溶氧不足、水硬度偏低、缺乏阳光照射，也可能使水体 pH 值变化，饲养中也要注意。

酸碱度的测量

家养观赏鱼多采用自来水作为养鱼用水，自来水本身的酸碱基本是中性，但养鱼时，随着时间的推移，水质会转化为弱酸或弱碱，如果水质长期得不到改善，便会影响鱼类的健康生长。因此，定期测量水体的 pH 值尤为重要。通常，有两种方法测量水体的 pH 值。

使用 pH 试纸。pH 试纸是比较经济的测量方法，只需将水滴在试纸上，根据试纸的颜色变化对比色卡，就能获得水质的 pH 值，判定出水质的酸碱度。

使用 pH 测试计。pH 测试计是一种测量水体或溶液酸碱度的仪器，通过选择电极来测量出水体的酸碱度数值。较 pH 试纸要略微精确一些，能够精确到小数点后两位。

在了解 pH 值对鱼类的影响后，可以根据饲养鱼类品种的需要，准确测量鱼类水质的酸碱度。一旦确定水质中的酸碱失衡，就需要改善水质，以免鱼儿无法健康生长。

当 pH 值低于 6 时，整体的水质属于偏酸的状态，可以通过加入适量的碳酸盐来达到调高 pH 值的目的，也可以在水体中添加少量珊瑚沙，提高水体碱性，改变酸碱的比率，以达到酸碱平衡。如果觉得麻烦，还可以直接到水族用品商店购买 pH 值调节剂。

当 pH 值高于 8 时，整体的水质属于偏碱的状态，这时可以适量添加磷酸二氢盐降低 pH 值。这种物质具有一定的调节作用，可以使水质维持一个相对稳定的 pH 值。如果水族箱内种植有水草，只需加入一些沉木或二氧化碳就可以降低水体 pH 值了。还有一种方法，就是在鱼缸的过滤器里加入泥炭土，泥炭土既能酸化水质还能软化水质。不过要监测好，如果水的硬度、pH 值不再变化要及时清除泥炭土。

小贴士

改变水的酸碱度要注意范围不可太大，以控制在 0.1 以内为好，pH 值的剧烈变化对观赏鱼极为不利。如果是水质恶化引起的 pH 值降低，就不能简单地依靠药剂调节，应立即换水。

水的软硬要调节

刚开始养鱼会经常忽视水的硬度问题，水的软硬度对鱼的健康影响并不大，但却可以影响鱼的繁殖和色泽，一些娇嫩的鱼由于硬度没有控制好，色泽并不艳丽，鱼儿也老是提不起精神。很多色彩艳丽的鱼，只有在软水中，才能保持色泽，顺利繁育。

软水和硬水

那么，什么是水的软硬度呢？

水的软硬度，主要是指水体中钙离子、镁离子、铁离子等金属元素的含量，一般以总量来判定水质的软硬。这些金属离子在水体中都是以碳酸盐、重碳酸盐、硫酸盐或氯化物等物质形式存在。当水体中碳酸钙的含量为 65 克 / 升时，为偏中性水；碳酸钙的含量低于 65 克 / 升时，则为软水；碳酸钙的含量高于 65 克 / 升时，则为硬水。

由此我们可以推测出，淡水、雨水、纯净水属于软水，海水、自来水、地下水、矿泉水属于硬水。海水比淡水偏硬，地表水比地下水偏软。水的软硬度还因地域不同而不同，在我国，北方的水质偏硬，南方的水质偏软。

鱼儿本身有适应水体软硬度和酸碱度的能力，只要不是水质软硬度突然发生变化，鱼儿一般都能适应，不会出现不适情况。一般只要给予充分的时间，小心养水，鱼儿都能慢慢适应水体。

在观赏鱼幼苗期时，可以通过调配，使鱼儿处于硬度偏高的水体里面，这样还有利于小鱼吸收钙离子和镁离子，从而促进骨骼生长，当小鱼渐渐成年，可以适当降低水体的硬度，这样有助于提升鱼儿色泽的艳丽度，促进鱼的繁育能力，更利于鱼的繁殖。

如何判断水的软硬度呢？现在市场上有许多测量水质软硬度的仪器，如硬度测定仪、硬度测定计、硬度测定盒等，都可以测试水质的软硬。这些仪器使用简单、测定效果快速准确。

如果手上没有测试仪器，可以采用煮水法来判断，即把水族箱内的水舀出适量，放到干净的容器内煮沸，如果水壶底有白色水垢沉淀，说明养鱼的水是硬水；反之，如果水壶底没有出现沉淀物，则为软水。

判断出水的软硬度后，我们就可以根据鱼的生长需求来调节水的软硬度。

在自然界，观赏鱼对水的软硬度非常敏感，不过在人工饲养的环境下，鱼儿对水质软硬的转变没有那么敏感。很多水质适应能力较强的品种，甚至可以不调节软硬度，在任何水中都可以生长。

养鱼过程中尤其是繁殖期调软水是十分必要的。可采用以下几种方法进行调节。

1. 纯净水添加法

此法非常简单，就是在给鱼儿换水时，直接加入桶装的纯净水，通过这种方式，可直接降低水体硬度。

2. 煮沸法

一般人们在给鱼换水时，都会提前把自来水晾晒一下。这时可以添加一个步骤，即把备用的养鱼水放到水壶中煮沸，在煮沸的过程中能够消除水中的碳水化合物，直接降低水体暂时的硬度，等煮沸的水冷却后即可使用。但这种方法不能消除水中的硫酸盐和氯化物，只能降低原水体中1/3 的硬度。

3. 活性炭添加法

具有强大吸附功能的活性炭，能够有效地吸附水体中的金属离子，直接降低水的硬度，并且有去腥和杀菌的功效。使用时只要将活性炭放到过滤设备中即可，但是要注意适时更换，否则吸附杂质到一定程度的活性炭又会释放出一些毒素来。

小贴士

空调的冷凝水可以作为蒸馏水使用，只是用之前要先用活性炭过滤一下，去除水中的异味和毒素。效果相当好，收集也十分的方便，只要将空调的排水管放入水桶中即可，一台两匹的空调一天就能收集 20 升左右的冷凝水，而且含氧量极高。

常用水质处理剂和测试剂

生态链良好的鱼缸水质相对稳定，我们可以通过观察鱼和水生植物在水中的生长情况来评价水质，如果鱼胃口大、体色鲜艳、活泼好动、水生植物丰富、颜色新鲜，则表明水温、含氧量、酸碱度、硝酸盐含量和二氧化碳含量足够，不需要调整水质。但是，水族箱的水质恶化速度相当快。仅凭经验是不够的，我们必须通过专业的测试设备和试纸试剂来测量所需的数据，根据数据的变化及时采取措施，以便尽快预防和补救。

常用的水质处理剂

水族箱内的水体离子浓度，是水生生物生长发育的基础条件，因此要确保多种离子浓度在适当范围之内。常用以下试剂进行调节：

水质处理剂及其使用效果

名称	使用效果
水质净化剂	能快速、有效并安全地凝聚水体中的游离悬浮物以及杂质，并产生蛛网膜样的絮状物，最后通过过滤系统过滤掉，使水质恢复澄清、透明的状态。但需要注意的是，水质净化剂不能使用于饲养龙鱼的水族箱，因为水质净化剂产生的絮状物会影响龙鱼呼吸，造成龙鱼窒息死亡。
水质处理剂	能够将自来水改造成为符合热带水域的水质情况，创造出适合七彩鱼、红绿灯鱼喜爱的软水性水质，并且还能去除水体中有毒的金属离子，预防细菌和霉菌性病原体的生长，对藻类生长也有一定的抑制作用。
水质安定剂	能帮助不同种类的鱼儿适应新的水体环境，并能中和水中溶解性氯化盐类，去除水体中的重金属离子，并可以保护鱼儿的黏膜组织。
活性硝化菌	投入箱内后能够快速培育出大量的活性硝化细菌，帮助快速地分解水体中的毒素和降低亚硝酸盐的浓度，利于快速建立起箱内的生物过滤系统，起到净化水质的效果。
除苔剂	能用来消除水族箱内壁的绿苔、水体中的绿膜、装饰物上的海藻等，对绿色藻类有很强的消灭效果，还能杀死水族箱内寄生的蜗牛。但需要注意的是，使用时要认真按照说明书上的指示控制好剂量，以免对鱼儿和水草造成伤害。
碳酸盐调高剂	用来调高水体中碳酸盐的含量，为淡水鱼或海水鱼创造出比较理想的碳酸盐水质环境。
钙添加剂	能够自然、有效地调整水体中钙离子的含量，以保证水中的珊瑚和螺类以及其他无脊椎生物能够正常地吸收水体中的钙质，并合成其他营养物质帮助鱼儿生长。
pH 调高剂	调高水体的酸碱度，可以将任何水质 pH 值调至 8 左右，制造出各种淡水鱼或海水鱼喜欢的水体酸碱环境。
pH 调低剂	降低水体的酸碱度，可以将任何水质 pH 值调至 6 左右，制造出各种淡水鱼或海水鱼喜欢的水体酸碱环境。

常用的水质测试剂

在水族箱内饲养各种鱼类、珊瑚、无脊椎动物及放养水草等水生植物，容易导致水质发生剧烈变化。为了及时掌握水体水质的变化情况，并采取有效措施来预防，常用以下水质测试剂来及时检测：

水质测试剂及其使用效果

名称	使用效果
铜测试剂	能够即时检测水体中铜离子的含量。当铜离子的含量过多时，就会直接导致鱼儿以及其他水族生物因重金属中毒而死亡。铜测试剂是海水水族箱必备的测试剂之一。需要注意的是，水质中铜离子的含量应低于 0.01 毫克 / 升。
铁测试剂	能够即时检测水体中铁离子的含量。当铁离子含量过高时，会直接灼伤鱼儿的黏膜层；当铁离子含量过低时，会影响鱼儿以及其他水族生物充分吸收营养的能力。需要注意的是，水质中铁离子的含量应为 1 毫克 / 升。
二氧化碳测试剂	可以即时并长期检测水体中二氧化碳的浓度，以保证水族箱内有一个适合鱼儿生长的最佳环境。二氧化碳测试剂对有水草造景和岩礁生态的水族箱非常重要。
碳酸盐测试剂	能够即时检测出水中碳酸盐的浓度。当碳酸盐含量过高时，可以搭配水质处理器来降低；当碳酸盐含量过低时，可使用碳酸盐调高剂来补充。需要注意的是，水质中碳酸盐检测的含量应不低于 4 毫克 / 升。
硝酸盐测试剂	能够即时检测出水中硝酸盐的浓度。当硝酸盐浓度过高时，会导致浮游性藻类大量滋生，从而对鱼儿和有益菌群的生长造成伤害。需要注意的是，水质中硝酸盐的含量应低于 50 毫克 / 升。
亚硝酸盐测试剂	能够即时检测出水中亚硝酸盐的浓度。当亚硝酸盐浓度过高时，会破坏鱼儿的氧气吸收能力，导致鱼儿窒息甚至死亡。需要注意的是，水质中亚硝酸盐的含量应低于 0.1 毫克 / 升。当水体中亚硝酸盐浓度高于 0.3 毫克 / 升时，需要添加活性硝化细菌；而当水体中亚硝酸盐浓度高于 0.5 毫克 / 升时，就需要大量换水了。

（续表）

氨测试剂	能够即时检测出水中氨和铵离子的浓度，避免这两种物质浓度过高，对鱼儿的神经、血液、细胞等造成破坏。需要注意的是，水质中铵离子的含量应低于 0.2 毫克 / 升。
氯测试剂	能够即时检测出水中残留氯离子的浓度，以保证鱼儿的呼吸系统以及黏膜组织不会因为水体中氯离子超标而遭到破坏，进而导致死亡。
钙测试剂	能够即时检测出水体中钙离子的浓度，一般配合钙添加剂一起使用。水质中钙离子的正常含量应为 400 ~ 450 毫克 / 升。
硬度测试剂	能够即时检测出水体的总硬度，从而决定水质改良软硬度的数值。
pH 测试剂	能够即时检测出水中的酸碱度。通常配合 pH 调高剂或 pH 调低剂一起使用，可改善水体的酸碱度。

水面油膜，看不见的危险

在养鱼的过程中，经常会看到一层油膜漂浮在水面上。不同于真正的油脂，这层薄膜反光能力不强，水体本身也并不浑浊，它随水游动，一旦出现，不久水体就开始变质、发臭，危及整个水族箱的生态系统。

这层油膜是什么物质，为什么会有如此大的破坏力，它形成的原因是什么呢？该怎样清除呢？下面我们就具体认识一下这层讨厌的“油膜”。

其实，这层如油脂一般的薄膜，其主要成分其实是由无数微小的蛋白质颗粒凝聚而成的蛋白质，跟油没有半点关系。在我们投喂的饲料里，通常含有高达 50%～60%的蛋白质，鱼儿食用之后，不能完全消化吸收的一部分蛋白质就会随着鱼儿粪便排泄出来。因为蛋白质不溶于水的特性，就形成这种浮在水面的物质。

除了鱼儿消化不了之外，饵料的残渣在分解的过程中也会滋生这种油膜，不仅会浮在水面上，还会粘附在过滤器材、水草表面上，堆积生长。

水面油膜连成一片后，就会形成一个隔离层，妨碍水中废气的散发，导致水质提前恶化，沾在水草表面，影响光合作用以及氧气的释放，久而久之，水族箱中的水就会变成死水，不得不换掉。

所以，在平时投喂的过程中，定量投放，减少排泄和食物残渣，可以有效抑制油膜的生长。当油膜产生时，使用一些简单的方法，也可以将它们清除。

人工去除油膜

发现水面有油膜后，可以用小纸杯将油膜舀起，倒掉。也可以用吸油纸，在油膜集结区域进行清理，反复多次即可。

添加植物去除油膜

孔雀鱼吃油膜

有一种槐叶苹科类的水草，不仅可以去油膜，还有脱氮的功效，并能化解水体中的硝酸盐，使水族箱的水质澄清。

添加生物去除油膜

一些热带鱼本身就爱吃这些含有蛋白质的油膜，比如孔雀鱼、黑姑娘鱼和茶壶鱼等，只要在水里面添加几条这种鱼，很快就能将油膜清理得一干二净，并且以后也少有生长。

加强过滤去除油膜

水面油膜的出现，表明水族箱内水体已被污染，这时，就需要对水族箱的设备进行清理。可以在过滤系统中添加少许活性炭，用来吸附油膜。

Part

6

鱼儿也要科学喂养

营养好，鱼儿才能长得好

任何生物的健康成长，都需要足够的营养。观赏鱼也一样，它们是水中的美食家，不同种类的鱼儿，对食物都有着自己的品味和需求。选择合适的饵料，对鱼儿进行有针对性的科学喂养，是很有必要的。那么，鱼儿的成长都需要哪些营养呢？

鱼吃食

蛋白质

蛋白质是构成观赏鱼身体的主要成分，也是重要的能量物质，蛋白质摄入不足会引起鱼体瘦弱、免疫力下降、发育异常等问题。观赏鱼在不同的生长阶段，对蛋白质含量的要求也不同。幼鱼对蛋白质的需求量比较高，才有利于其生长，而成鱼对于蛋白质的需求逐渐降低。不过，在繁殖时期，观赏鱼需要补充高蛋白饵料，否则会影响其生殖器官的发育。

脂肪

脂肪是生物重要的能量来源，观赏鱼也不可缺少脂肪。脂肪可以提供给鱼类足够的抗寒能力、促进其生长发育。此外，一些维生素只有溶解在脂肪中才可被吸收。不过，饵料中的脂肪含量又不能过高，脂肪太多，鱼儿容易得肥胖症，摄食脂肪过高，还会影响鱼的性腺发育和繁殖。

维生素

鱼儿如果缺少维生素，会造成食欲减退，免疫力下降。尽管维生素在鱼的饵料中占比都不高，但各种维生素都有其功用，作用不可忽视，一般市售饵料都有添加。

糖类

观赏鱼也需要补充糖类，糖类是重要的能量来源之一，也是必不可少的营养物质，鱼类体内缺少糖，会造成发育缓慢、鱼体消瘦、神经活动被阻碍等问题的发生。

矿物质

饵料中的钙、磷多一些，对观赏鱼的发育很有裨益。此外，镁、铜、铁、锌等矿物质，虽然在饵料中含量极少，但都是重要的营养元素。

我们了解有助于鱼类生长的营养物质，可以更科学地喂养鱼儿。之后，就可以根据这些营养成分去选择饵料了。

五花八门的鱼粮如何选

为了鱼儿的健康，要充分了解鱼的食性、营养需求，从而选择饵料的类别，调配出既营养、美味，又价廉的美食。观赏鱼一般都是杂食，任何一个品种的观赏鱼，都必须用多种饵料混合饲喂，这样才能达到营养均衡。目前，水族市场上的鱼饵料五花八门，根据饵料的性质，可将其分成动物性饵料、植物性饵料以及人工合成饲料三大类，在购买时可以根据自身需求进行选择。

动物性活饵料

动物性活饵料有着很高的营养价值，是鱼儿最为喜爱的食物，而且投喂这种饵料还可以给观赏鱼提供自然捕猎的条件。鲜活的动物性活饵料不易保存，未经过处理的话，容易夹带寄生虫和细菌，存在着安全隐患，需要格外注意。目前市场上还有一种冷冻饵料，就是将动物性活饵料进行冷冻或干燥保存。用这种饵料喂养观赏鱼，不仅营养，而且非常方便。

动物性活饵料及其特征

类别	名称	特征	注意事项
浮游动物	原生动物	最常见的有草履虫、变形虫等，是一种小型单细胞浮游动物。肉眼很难看到。	适合小型鱼的开口饲料。
	轮虫	一种小型浮游生物，大多数体色为白色。常见的有壶状臂尾轮虫、龟纹轮虫、泡轮虫、水轮虫等。	
	水蚤	一种小型的甲壳动物，属于浮游动物的枝角类，大概有100种。	它们是鱼市中最普遍的饵料，价格便宜，而且一般鱼儿都很喜欢吃。
蚓虫类	水蚯蚓	水蚯蚓又被称作腮丝蚓，长度在5~6厘米，身体红褐色。它属于环节动物水生寡毛类，大约有50种。	在用水蚯蚓饲喂前一定要用清水冲洗干净。因为这种饵料非常容易夹带寄生虫，冲洗数遍也不一定能将寄生虫洗掉，所以一般不建议长期使用。
	红蚯蚓	此种蚯蚓种类较多，个体较小，身体柔软，喜欢生活在潮湿且腐殖质丰富的土壤中。	它营养丰富，蛋白质含量高，是观赏鱼上好的饵料。
	孑孓	蚊虫的幼虫，种类繁多，常见稻田、池塘、污水边。	血虫是一种蚊子的幼虫，含有丰富的蛋白质，在动物性活饵料中营养价值最高，用之饲喂相对较干净，但是在炎热的夏季很难保存。
其他	蛋黄	鸡或者鸭的蛋黄	把鸡蛋或鸭蛋煮熟后，将蛋黄放在网眼细密的纱网中，用力揉搓成细小的颗粒，放在水中稀释好后均匀洒到水中即可。
	丰年虾	又叫丰年虫、卤虫，广泛分布于陆地上的盐田或盐湖中。	这种饵料饲喂很方便，一般以丰年虾的无节幼虫为主。无节幼虫可以自行孵化。刚孵化出来的幼虫营养价值很高，长大的成虫相对营养价值低，市面上也很难买到。
	鱼苗、虾肉、鱼肉、肝脏、猪血、牛血等。		

植物性饵料

鱼类多数为杂食性，动物性饵料中缺少一些必要的营养元素，需要搭配植物性饵料进行补充，另外，一些食草性鱼类也喜欢植物性饵料。一些水族市场中有专门卖植物性饵料的地方，另外，人类的蔬菜、米饭，都可以作为饵料使用。

植物性饵料及其特点

名称	特点
芜萍（芝麻萍）	叶子为椭圆形，有细小的颗粒，没有根茎，样子酷似芝麻，因此又被称作芝麻萍。常见于小水塘、稻田、沟渠等静水水体中，是浮萍科中最小的一种，是多年生漂浮植物。
紫背浮萍	叶子为卵圆形，叶面光滑呈绿色，背面紫色，没有光泽，长着小根。常见于稻田、藕塘和沟渠等静水水体中。
青萍	叶子为卵圆形，左右不对称，生长着一条细丝状的小根，喜欢生长在水塘、稻田、沟渠等水体中，为多年生漂浮植物。
菜叶	菜叶中含有丰富的营养物质，我们可以根据鱼体的大小将叶子切碎后投喂。
米饭	煮熟后的大米或小米，同动物性饵料搭配喂养效果很好，剩饭要洗净，以免引起水体污染。
面条	一些面条中含有添加剂，需要泡软洗净再用。

人类的其他食物，如豆浆、豆腐、饼干、去油脂的糕点等，其实都可以拿来投喂观赏鱼，但不能将它们作为主要的投喂饵料。在投喂时，只有将植物性饵料同动物性饵料搭配投喂，才能让观赏鱼健康成长。

人工合成饵料

环境污染对鱼类的影响非常大，能够获得天然饵料的地方也越来越少。为了满足观赏鱼饲养者的需求，精明的商家推出了人工合成饲料。

人工合成饲料具有很多优点。人工合成的成本比较低，便于控制饲喂量，易于储存，且不受季节气候的限制。饵料经过合成消毒，保证了安全性。随着科学技术的发展，人们甚至可以根据观赏鱼不同的生长阶段所需的营养，来调配合适的饲料，还出现了一些专门针对不同品种鱼类的口味特制的饵料。在观赏鱼生病时，也可以将一些药物混合在饲料中进行投喂。

现在除了资深的饲养者会自己配置饵料外，大多数饲养者，都在使用人工合成饵料。购买人工合成饵料时，一定要看清楚生产日期和保质期。劣质的合成饵料不仅没有营养，而且含有人工色素，会使水体变色。

1. 选择饵料注意事项

◆ 观赏鱼对于食物的清洁度要求很高，饵料一定要做到杀菌消毒，不能夹带病原虫、寄生虫、病毒、病菌等，不洁净的饵料不仅影响鱼的健康，还会污染水质。

◆ 饵料要有良好的适口性，方便鱼儿进食。不同种类的鱼，对饵料的大小、形状、味道甚至颜色都有要求，如果是混养，就要考虑对于要选购的饵料，不同类型的鱼儿是否都爱吃。

◆ 不同年龄阶段的鱼所需要的食物不同，所以，饵料的营养要均衡全面，利于消化和吸收，让鱼儿健康成长。

◆ 饲料不需选择太贵的，要根据自己的经济情况量力而行，只要使用和保存方便，不易变质就好。

2. 检验人工饵料质量的简单方法

◆ 查看保质期，过期商品绝不能购买。

◆ 打开包装后闻闻有无香味，如果没有，说明质量较差或变质，不能购买。

◆ 取少许饵料投喂，看看观赏鱼是否喜欢吃，如不喜欢吃，证明这种饵料的适口性不好。

◆ 注意观察观赏鱼吃食饵料后的粪便，如果粪便出现异常，说明该饵料有问题了。

浮萍

小贴士

一些特殊的饵料

增色饵料：一些观赏鱼的体色鲜艳，需要一些特定的饵料使其更具观赏性。

鱼苗饵料：一种营养丰富的粉末状饵料，很适合刚刚孵化的幼鱼食用。

高蛋白颗粒饵料：含有丰富的营养素、维生素、微量元素，适合饲喂大型鱼类。

悬浮饵料：有悬浮性，适合喂养在水族箱上层觅食的鱼类。

粘贴饵料：可以方便地粘贴在水族箱壁上，方便观察鱼群觅食和成长状况。

维生素剂：对病鱼的身体康复和种鱼的繁殖都非常有利。

蔬菜薄片饵料：适于草食性鱼类食用。

饮食生物钟由你决定

让观赏鱼养成良好的生活习惯，有利于它们的健康。养殖时，通常会采用“四定”投喂法：

定时

定时是指应固定每次喂食的时间和间隔，以便观赏鱼养成良好的饮食习惯，减少其胃肠道疾病的发生。成年鱼通常在每天中午前喂食一次即可。幼鱼每天喂食两次，可以选择在上午和傍晚，间隔7个小时左右。此外，喂食时间也应根据季节、温度和气候进行调整。

定点

定点是指在固定位置喂食。当每次喂食的位置固定时，观赏鱼通常会在这个位置等待主人来喂食。如果同时实现“定时”喂食，一段时间之后，就会形成条件反射。每天一到固定的进食时间，观赏鱼就会主动在这个进食位置等待。

定质

定质指的是要保证饵料既新鲜又有营养，不可投喂变质或过期的饵料，有条件的话，还应用紫外线对饵料进行杀菌。

定量

不同年龄、大小的观赏鱼，进食量是不同的，而且还随着天气、季节等外界因素调整摄食。一般观赏鱼的食量在其体重的 2% 左右，不用喂太多，在十分钟之内吃完即可。观赏鱼吃得太饱，吃食没有规律，都会危害身体健康，甚至发生猝死。

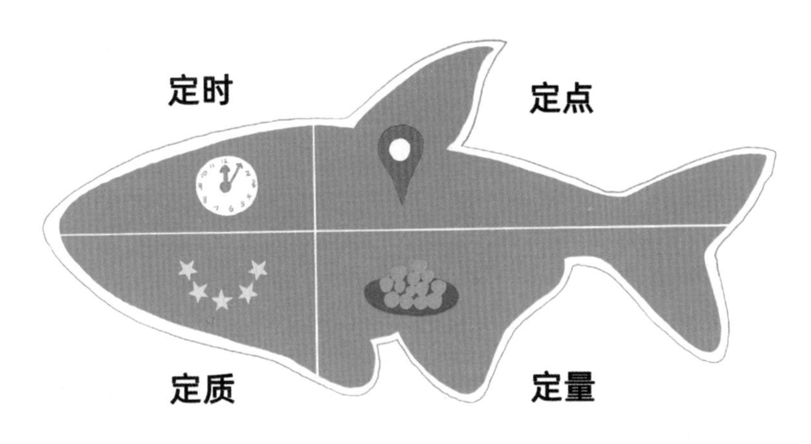

四定喂鱼

长期坚持“四定”投喂法，不但可以使观赏鱼养成良好的摄食习惯，增进人与鱼之间的感情，还可以提高养殖者的兴趣。

不过，喂食时要时刻注意观赏鱼的反应，当观赏鱼食欲减退的时候，要停止喂食，及时找到原因。

除了可以用“四定”法来培养观赏鱼的饮食规律外，还可以使用下面介绍的“四看”法来判断投饵量。

看水色

一个完整的水族箱，就是一个封闭的生态环境，水中包含着丰富的物质，在保证水质的前提下，当水色较浓时，说明水体中浮游微生物较多，可少投饵料，水质较淡时应多投。这种情况尤其适用于池塘养殖观赏鱼。

看天气

观赏鱼对天气的变化十分敏感，即便在水族箱中生活，也会受到影响。天气舒适时，观赏鱼会比较舒适，比较爱活动，胃口也好，可以多投放饵料。如果连续阴雨，或者寒冷，观赏鱼的食欲就会受到影响，此时宜少投饵料。

看鱼的摄食情况

在投放饵料后，如果发现鱼儿在正常时间内吃完饵料，说明饵料适宜，如发现饵料很快就被观赏鱼吃光了，并且观赏鱼之间还会互相抢食，这说明投饵量不足，可以增加一些。投喂后，有部分饵料未吃完，这可能是投喂过多或鱼体患病造成食欲降低，此时可适当减少投饵量，并观察鱼的后续状态。

看鱼的活动情况

在正常的活动情况下，可以保持一个规律的投饵量。如果观赏鱼活动能力下降，无精打采，说明观赏鱼可能患病，或者厌食，就要减少投饵量，及时诊治并对症下药。

如何投喂、喂多少、什么时候喂，是培养观赏鱼良好生理习惯的关键。观赏鱼不同于一些高等宠物，不会主动向人类表达思想，无论饥饱，都不能准确传达信息。在帮助鱼儿建立规律的生物钟系统时一定要耐下心来，因为这不仅能够帮助鱼儿健康生长，同时也能让饲养者和鱼之间产生默契，达成互动，何乐而不为呢？

不同观赏鱼的饮食习惯

不同种类的鱼，饮食习惯也不尽相同，对于饵料的要求也有差异，饲养者要根据各类观赏鱼的摄食习惯，有针对性地购买合适的饵料。

金鱼

杂食性的金鱼对于饵料要求不高，不挑食，在水族箱中养殖的话，它的食物可选范围非常广泛。有条件的鱼友还喜欢在露天水池中养殖金鱼，这个时候就要注意很多事项，比如年龄段、季节等因素。

户外条件下，幼鱼食用水中浮游生物就可满足基本需求，随着其生长，就渐渐需要补给饵料。投喂动物性饵料和人工饵料时，应投放均匀，以使全池金鱼都能就近摄食，减少金鱼的运动量，增加其体形美、游姿美的成品率。

有时候，金鱼总养不肥，是什么原因呢？如果不是生病，那可能就是因为在幼鱼阶段饲养密度大，饵料不足且营养价值偏低，或饲养不当，使其消化、吸收系统受到损伤，结果造成金鱼营养不良，发育迟缓，后天失调，因此不易养肥。

小贴士

给金鱼换水时，水温过冷、过猛，会给金鱼造成内伤，此后懒于游动，懒于摄食，虽经长期饲养也不肥满。

锦鲤

锦鲤是杂食性，对食料适应的范围广，对其他生活条件的要求也不十分严格，所以生命力较强。一般软体动物、高等水生植物碎片、底栖动物以至细小的藻类，都是它的食物，对人工饲料也从不拒绝。

由于锦鲤比较特殊，在饲养中除了需要喂养普通的生长型饲料外，还必须投喂增色型饲料。不然的话，再名贵、优质的品种，长此以往也会退化成普通锦鲤，甚至恢复其祖先——鲤鱼的体色。

锦鲤的体形、体色等与平时对饲料投喂量的控制与掌握密切相关。在投喂锦鲤的饲料时，必须定时、定量投喂，投喂不足时，鱼体就会衰弱，抵抗力就会下降，容易患各种疾病。而投喂太多，又会引起饱胀、积食等消化类疾病。即使不得病，鱼体也会明显发胖，失去其优美刚健的流线型体形，影响观赏效果。

小贴士

锦鲤比较贪吃，嘴馋，每次投喂量以掌握在让鱼吃八成饱为宜。

锦鲤吃东西

热带鱼

绝大多数热带鱼都喜欢吃动物性活饵料，但是家养的热带鱼一般是杂食性动物，动物性饵料、植物性饵料和人工合成饵料都应摄食，只吃单一性饵料的热带鱼较少。热带鱼爱吃的动物性饵料有水蚤、鱼虫、水蚯蚓等。家养热带鱼，喂养人工合成饵料较方便。另外，我们还可以自制饵料或自制“人工汉堡”，现做现食，既营养又新鲜。

饲养热带鱼，若期望它们快速生长，除了食物要适口外，还要考虑水质、水温还有溶氧等环境因素对它们的影响。热带鱼只有在适宜的环境中才会胃口大开。

热带鱼的饲养因素和条件

因素	条件
水质	水中杂质偏多，PH 值偏高或偏低，水的硬度不合适。
水温	在适宜的水温范围内，水温越高、食量越大，如果超出适温范围，不论高低，摄食量均会下降。
溶氧	在水中溶氧偏低时，热带鱼会表现为厌食，在溶氧极度缺乏时，则会“绝食”。

饲养热带鱼是非常有乐趣的事，因为不同种类的鱼儿会抢食，开始投喂时，饥饿的鱼总是紧跟食物，贪婪地抢夺食物，场面格外热闹。随着鱼儿渐渐吃饱，抢食的欲望逐渐平息，不再有那种对食物你追我赶的情景，此时就可以停止投喂了。

刚开始养鱼的人往往不能正确估计鱼的吃食量，看鱼儿抢食，就一下子投入许多，结果鱼吃不完，反而污染水质，严重者造成鱼儿缺氧死亡。所以要缓缓投入食物，吃一点喂一点。

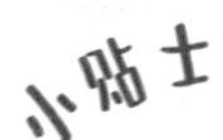

小贴士

经过一段时间的投喂之后，与人熟识的一些热带鱼会在人手中进食，还有一些性子急的鱼儿会跳出水面呢。

观赏鱼不吃食怎么办？

在养殖观赏鱼的过程中，经常发现它们出现拒绝进食的现象。这时不要着急，找到具体原因，根据具体情况进行处理，就能解决问题。下面介绍一些观赏鱼拒食的原因：

观赏鱼患病

观赏鱼患病时，就会容易出现拒食现象，此时应观察鱼体的疾病特征，如体表充血、腹胀、身体弯曲、肛门鼓胀红肿、头洞等，而后对症下药，病愈后观赏鱼自然就会开口吃食。

水质不良

水族箱中的水体如果老化，或者水质受到污染，就会造成观赏鱼拒食。这时可以对水族箱进行换水。注意，一次不要换太多水，分几天完成即可。

消化不良

消化不良是观赏鱼的常见症状，一般是由于饲养者投喂太多，一次吃得太饱，造成鱼儿一段时间的拒食。此时鱼会出现不喜游动、躲避在水族箱或鱼池角落等状况。对于喂食过饱的观赏鱼可以采用加注新水、提高水温等方法，以刺激消化。

自发的阶段性停食

观赏鱼在成长过程中，由于不用像野生鱼那样为食物烦恼，会在某一阶段突然停食。这种停食是一种生物的本能反应，如果鱼的状态良好，不必理会，多加观察，注意水质，耐心等待即可。

单一食物厌食

观赏鱼的食性具有多样性，所以，在喂食饵料的时候，需要混合喂养，如果只单一喂一种饵料，它们也会有吃腻的一天，出现厌食的表现，这个时候可以适当给它们换一些口味，它们就会胃口大开，大快朵颐了。

环境突变

鱼类对于环境非常敏感，环境的突然改变，比如移动水族箱、更换了新背景、更改了水族箱内的布置、更换鱼池内装饰物等，都有可能造成观赏鱼拒食，同时会伴有易惊、焦躁不安、浮头、快速游动、躲避在水族箱或鱼池一角等现象。

这时需要饲养者仔细观察，找到原因，判断是否有必要对环境进行改良，一般只要耐心等待其适应，就可恢复。

有孤独感

鱼儿也会有孤独感，一些喜欢群集的鱼类，如果长时间单养，就会出现孤独感，或者长时间群养、混养，已经适应了水族箱中的伙伴，当某一天突然把其伙伴捞走，或者突然由混养变为单养时，大部分的观赏鱼都会拒食。这时，恢复混养状态，它们就会恢复。一般来说，为观赏鱼适当搭配混养，对其心理是有益处的。

一只孤独的金鱼

繁育期间拒食

在繁殖期间，无论是雄鱼还是雌鱼，其主要精力都集中在产卵交配的问题上，特别是雌鱼，由于腹部卵巢的快速发育，使得腹部极为鼓胀，压迫肠胃和鱼鳔，造成较长时间的拒食，有时甚至长达几个月。此时，鱼游动时身体会显得笨拙，尾部摆动缓慢。这种情况的话，鱼儿会在繁殖期之后慢慢恢复正常。

季节性拒食

虽然水族箱是恒温环境，但敏感的观赏鱼还是能够感觉到季节的交替。由于季节的变化而造成的拒食现象，也是比较常见的，尤其在北方地区，春秋阶段观赏鱼容易停食。此时可保持水质，等待其自然恢复。

错误换水

观赏鱼对于稳定的水温和水质的要求很高，如果在换水时，过于猛烈，水温过低，也会造成鱼儿的身体不适，出现厌食，甚至吐食的现象。

造成观赏鱼拒食的原因还有很多，遇到观赏鱼拒食的情况时，饲养者需要耐心分析和观察，把握观赏鱼状态，即可解决烦恼。

Part

7

观赏鱼生宝宝了怎么办？

鱼类也分为雄性和雌性

刚刚接触观赏鱼的饲养者，可能不太关注鱼儿的性别问题，但随着饲养的时间增长，都不可避免地会遇到观赏鱼繁殖的问题。看着幼鱼从出生一点点长大，给饲养者带来了新的乐趣，而鱼的繁殖问题，也成为新的问题，被提上日程。

要繁殖观赏鱼，就要学会鉴别鱼儿的性别，鱼类不同于人类和一般哺乳动物，没有明显的性别特征，很难鉴别，这就需要饲养者通过学习和经验的积累，去摸索。下面就以一些常见的观赏鱼品种为例，来简单介绍应如何鉴别其性别。

金鱼雌雄辨别方法

各种金鱼繁殖时，都需要按照一定的比例，对雌雄金鱼进行配对，而鉴别好其性别是第一步。

一般来说，在繁殖期内的金鱼，辨别性别并不困难。繁殖期间，雄鱼胸鳍第一根鳍条和鳃盖上会出现若干白色小突起，这些小突起叫作追星，追星为雄鱼的第二特征，只不过在繁殖期过后，追星即在雄鱼身上消失；雌鱼没有追星的特征，但体形会变大，后腹部膨大，异常活跃。

此外，金鱼还可从身形、颜色、手感来辨别雌雄。

身形：雄性金鱼的身形较长，而雌性金鱼的身形有点短，看起来比较圆润。

尾鳍：雄鱼的尾鳍比雌鱼要粗，胸鳍比较尖，而且第一根鳍刺比较硬，而雌鱼胸鳍又短又圆，第一根鳍刺也不太硬。

生殖器：从鱼儿肚皮往上看，雄鱼的生殖器是内陷的，形状小而长，而雌鱼的生殖器往外突起，形状大而圆。

颜色：一般来说，雌鱼的颜色比较浅，雄鱼的颜色相对更加鲜艳，到了性成熟期，雄鱼的颜色会越发鲜艳。

手感：托起鱼儿，轻按鱼儿腹部，能感觉到雄鱼腹部有一条很明显的硬线，而雌鱼的腹部比较软，没有这种触感。

认真分辨金鱼

锦鲤雌雄辨别方法

锦鲤幼时雌雄不能清晰分辨。从幼鱼成长为成鱼之后，不久就会进入性成熟期，性成熟后的锦鲤，雌雄鱼都出现明显的特征，可以从其头部、体型、胸鳍、腹部与肛门、产卵行为等方面进行区别。

头部：雄鱼的头部比较短而且宽，额头有突起，雌鱼头部比较窄长。

身形：雄鱼整体身形比较瘦长，而雌鱼身形比较丰满，腹部有膨胀感。

胸鳍：雄鱼的胸鳍尾端有点尖，而且比较硬，雌鱼的胸鳍比较大，呈椭圆形。

繁殖期特征：到了繁殖期，雄鱼的第一根鳍条和鳃盖周围会出现乳白色小米粒，抚摸有粗糙感，过了这一时期，这一特征就会消失。

热带鱼雌雄辨别方法

热带鱼的品种繁多，其雄雌鉴别要因鱼的类型而有所区别。这里介绍一些常见科属鱼的生理特点，供鉴别时参考。

常见科属鱼的生理特点

种类	鉴别方法
鲤科	雄鱼往往比雌鱼颜色鲜艳、丰富，鱼体比雌鱼体略小，腹部没有雌鱼大。
丽鱼科	和雌鱼相比，大多数雄鱼的背鳍、臀鳍长而尖，色彩艳丽，前额突起。
脂鲤科	雄鱼多数鱼体瘦小，雌鱼多数体形肥大，雌鱼怀卵后腹部会膨大。
攀鲈科	和雌鱼相比，多数雄鱼的背鳍、臀鳍、尾鳍长而尖，其颜色也比雌鱼亮丽。
花鳉科	大多卵胎生，雄鱼的臀鳍在生殖期会发育成棒状交接器，可以与雌鱼在体内受精，雌鱼产出的是幼鱼。这是判断雌雄最明显的方法。

其实，分辨鱼儿的性别，是一个不断学习，不断领悟的过程，很多时候，即便按照方法鉴别也会出错，不过，只要平时多留意观察，慢慢地就会通过鱼儿的身体特征、性情变化等方面，悟出门道，找到窍门。

热恋中的鱼儿，一眼就能看出来

和人类一样，鱼在进行繁殖时，也要有一个“恋爱”的过程。当鱼儿性成熟之后，就会对异性产生浓厚的兴趣，并进行追求。此时，在寻找异性的鱼儿性情会变得好动、凶狠，而陷入爱情的鱼则会出双入对。如果你进行观察，就会轻易判断出水族箱中“恋爱的气息”。

追逐：雄性的主动

雄鱼追着雌鱼

观赏鱼和许多动物一样，在发情期，雄性会主动在雌性的身边来回游弋，通过展示体表上美丽的花纹和颜色，来博取异性的芳心。这时的雄鱼没有多少耐心，假如雌鱼对此视而不见，雄鱼就会展开进一步的行动，对雌鱼进行追逐。雌鱼为了试探雄鱼的诚意，会试图摆脱雄鱼，欲拒还迎，于是，雄鱼的追求会越来越猛烈，在雄鱼锲而不舍地攻势下，雌鱼终究会放下矜持，接受雄鱼的追求，而后耳鬓厮磨。

争斗：比武夺爱

一些雌鱼的择偶标准比较高，面对普通雄鱼的追求，往往不为所动。这时，为了表现出自己的强悍，雄鱼之间就会通过“比武”来赢得美人心。雌鱼会在附近观看，选择自己的如意郎君。争斗结束，落败的一方自然夹着尾巴逃走，而胜利的雄鱼就会得意洋洋地游到雌鱼的身边。

引诱：雌性的暗示

不光只有雄鱼会发情，雌鱼也会耐不住寂寞，只是表现没有雄鱼那么激烈。雌鱼在发情期时，并不是完全等待雄鱼的追求，在性成熟之后，它们会释放出自己独特的气味，这种气味对雄鱼极具诱惑力，雄鱼得到暗示，就会望风而来。如果雌鱼找到自己中意的异性，就会允许雄鱼触碰自己的身体，接纳雄鱼。

伴侣：鱼儿的忠贞

生物的爱情总是神奇又相似，陷入爱河的鱼类其实也有着忠贞不渝的信仰。一些品种的鱼一旦恋爱，就会如胶似漆，形影不离，通过观察，很容易就会分辨出谁和谁是情侣关系。更有一些品种的鱼，在恋爱之后，会脱离从前的鱼群，如同人类的婚姻一般，过起“二人世界”，它们一起进食，一起游玩，一起睡觉，甚至会一起清理周围的环境，为交配产卵做“备孕准备”。

如何让鱼儿安心繁殖？

观赏鱼繁殖的前期准备工作做好之后，在繁殖期内，又该如何让鱼儿舒适地繁育呢？答案是：根据不同鱼儿的特性，为鱼儿创造适宜的繁殖环境非常重要。

幼鱼的质量取决于亲鱼的身体状况，这需要我们在平时饲养时，对鱼儿进行悉心呵护，当然，水族箱中的鱼儿也会经历一个优胜劣汰的过程，在配偶间相互吸引时，进行一次自然选择，能够适应新环境的鱼儿，其身体条件自然会达到一个理想的标准。

当我们发现鱼儿开始繁殖的时候，可以进行一些产前培育，协助观赏鱼成功产卵，正常受精孵化。这时需要降低放养密度，投喂营养丰富的饵料，做好换水工作，在操作时要小心，避免碰伤鱼体导致流产。

此外，对于鱼儿繁殖的环境，还需注意创造一些必要的条件。

调控水体的温度

水体的温度直接影响着观赏鱼的产卵。以金鱼为例，水温在18℃～20℃最适合金鱼产卵，当水温达到14℃时，性成熟的金鱼就会发情产卵，但是当温度低于 10℃或高于 32℃时，金鱼就会停止产卵，性腺萎缩。所以在观赏鱼产卵时，一定要将温度调控好，保证观赏鱼能顺利产卵。

水质调节很重要

水质对于观赏鱼的性腺发育有很大影响。良好的水质能使观赏鱼的性欲稳定，让它按照计划产卵。一旦水体的环境发生较大变化，尤其是多次更换水族箱内的水，亲鱼就会因为新水的刺激而迅速兴奋起来大量产卵。此外，人工投喂饵料要适度，在满足亲鱼所需的情况下，尽量减少水体污染。

关注天气变化

因为水族箱多在室内，饲养者往往会忽视天气变化对鱼儿的影响。天气的变化会改变水体的温度、溶氧量、水中的气压以及部分离子的平衡，从而间接影响观赏鱼产卵，影响观赏鱼的繁殖。所以在观赏鱼产卵期要随时关注天气变化，根据容器中水温、溶氧量等的变化，及时采取有效措施，以便鱼顺利产卵。

适当催情刺激

想不到吧，鱼儿有时也需要催情刺激。给鱼儿催情，一般可采取两种方式，一种是通过异性亲鱼，产生自然生理刺激；另一种是人为地改变外界环境，产生刺激。进行外界刺激有一些简单的方法：首先可以通过

大肚子的斑马鱼

水温的变化进行刺激，不同的鱼类，在繁殖期对水温的要求也不同；其次，光照也可以产生刺激效果，适当的光照能够促进鱼儿的新陈代谢，加快它们的活动频率，从而促进繁殖发育，一般情况下，为了弥补家养观赏鱼光照不足，可以采用日光灯延长照明时间；再次，在微流水环境下，亲鱼也会兴奋；从次，一些鱼类需要人工设置鱼巢进行产前刺激；最后，在投喂的饵料中添加激素进行刺激。

亲鱼的产后护理

饲养者通常将大部分精力用在产前和产中对亲鱼进行照顾，而对产卵之后的亲鱼就随便放养，这种做法是不科学的。亲鱼在产卵后，身体状况会非常虚弱，抵抗力会急剧下降，非常容易患病死亡，所以，对鱼儿也要进行产后护理，以保证优质亲鱼的存活率。

小贴士

如果我们想要刻意去繁殖观赏鱼，可以考虑让新雄鱼和老雌鱼交配，新雄鱼的性欲较为旺盛，在追逐雌鱼时力度较大，繁殖成功的概率也会大大提升，这样不仅能降低受精卵畸形率，还能提高观赏鱼的孵化效果。此外，在配对雌雄鱼时，比例要合理。一般情况下，通常选择年龄在1～2龄的新雄鱼和年龄在2～4龄的老雌鱼交配，雌鱼要少于雄鱼，以保证足够且健康的精子同卵子结合，产生良好的孵化效果。

鱼类多种多样的生育方式

鱼类的受精方式分为两种，大部分卵生鱼类是体外受精，雄鱼和雌鱼会分别把精子和卵细胞排入水中，形成受精卵。少数鱼类会进行体内受精。

独特的受精方式，让鱼类拥有卵生和卵胎生两种常见的生育方式。

一般的观赏鱼是以卵生为主，而且是体外受精，受精卵在水中发育而成。有一些也需要受精卵进入体内发育，或需要雄鱼含入口腔中来孵化。

体内受精，体内发育的生殖方式被称作卵胎生。多见于软骨鱼类和少数硬骨鱼类。它们的受精卵是在雌鱼体内的输卵管内发育的，在发育时，胚胎需要的营养物质是由卵黄供给。还有一些观赏鱼的受精卵是在输卵管的膨大处发育，在发育的前期，胚胎需要的营养物质主要依靠卵黄供给，在发育后期则主要靠母体供给。这类鱼是体内受精。由于受精卵在母体内发育，产仔成活率比卵生鱼类高得多。

在这两种生育方式的基础上，一些鱼类还有着五花八门的生育方式，多见于热带鱼类。

鱼生宝宝细节

口孵卵生

这类鱼很有爱心。在产卵时，雄鱼会先在沙层筑巢，然后雌雄亲鱼会钻进这个浅浅的小坑，分别排出精子和卵细胞完成受精。雌鱼会将受精卵吞入口中，在孵化囊中孵化。在幼鱼孵出之前，雌鱼将不进食。即便是幼鱼孵出，一些雌鱼依然会将其含在口中保护，直到自立。也因此，这一类鱼的成活率很高。

泡沫卵生

在产卵期，雄鱼会在水面上吐出许多唾液，然后雄鱼追着雌鱼让它们将卵产在上面，这些泡沫状的唾液富有黏性，雄鱼接着会在上面排精，形成受精卵。如果受精卵从泡沫上掉落，雄鱼还会将鱼卵叼回来。受精卵在泡沫上，如同一个浮岛，雄鱼会一直守在左右，直至孵出幼鱼。

瓷板卵生

这类鱼的产卵方式非常有趣。雌鱼习惯将卵产在阔叶形的水草叶面上，如果鱼缸中没有水草，则会将卵产在塑料板或瓷板砖等附着物上。雌雄鱼在追逐产卵中，有着惊人的默契和速度，雌鱼会从生殖口里伸出一根长长的输卵管，雄鱼同时会伸出一根射精管。当雌鱼把卵整齐地产在附着物上，雄鱼会配合射精，使之成为一排排受精卵。

为了保证附着物能够粘住卵，生产前，亲鱼还会不停地用嘴清理上面的污染物。产完卵后，亲鱼会围着卵不停地扫动胸鳍，以驱散污物和入侵者，直至幼鱼能够自主进食。有趣的是，在这期间仔鱼如果不小心从附着物上掉落，亲鱼还会将其叼回来重新摆放好。

花盆卵生

与瓷板卵生类的鱼相似，这类鱼的产卵过程非常隐蔽，喜欢钻进一些类似倒扣的小花盆等器物里悄悄进行。

水草卵生

这类鱼在产卵时，习惯在水草丛中追逐，然后把受精卵产在水草上。

石卵子卵生

这一类的鱼产出的卵没有黏性，卵的个体较大，通常堆积在鱼缸底部的卵石之间。

一些鱼类会有吞卵的习惯，所以在产卵期，最好铺设防护网，让卵掉下去，亲鱼就无法靠近吞食了。或者在产卵后，将成鱼捞出。因为鱼类有这种恶习，我们最好可以为幼鱼准备繁育箱。

繁育箱，鱼儿的育婴房

不论是在饲养观赏鱼时无意间发现鱼儿怀孕生产，还是刻意繁殖鱼苗，鱼儿的繁育既给人以惊喜，也给人以挑战，这也是饲养观赏鱼的一大乐趣。

和人类生育之后，为宝宝准备婴儿房一样，观赏鱼宝宝出生之后，也需要一个孵化箱（也叫繁育箱）。它的作用是当雌鱼怀孕时，为雌鱼提供一个安全舒适的待产环境，确保鱼宝宝可以顺利出生并长大。如果没有繁育箱，雌鱼生产时，就会受到其他鱼的干扰和刺激，出现难产和早产等状况，导致幼鱼和雌鱼的死亡。幼鱼出生后，繁育箱又可以作为庇护所，防止大鱼的侵害，有效地提高幼鱼的存活率。

繁育箱的选择要根据鱼的种类来选配。一般产浮性卵的鱼，要用面积较大的繁殖缸；产沉性卵的鱼，可以用面积较小的繁殖缸。习性好动、游动速度快及体形大的鱼，要用比较大的缸；爱静的、游动速度较慢及体形小的鱼，可用比较小的缸。对水质要求不高的鱼，用普通的缸就可以了。随着饲养水平的提高，繁育箱的种类越发具有针对性，可细分为卵胎生繁育箱、埋放式繁育箱、泡沫巢产卵繁育箱等。

在繁殖箱投入使用前必须对之进行彻底清洗、消毒，根据不同品种鱼的要求，注入准备好的繁殖用水，水位高度约在缸的 1/2 或 1/3 处。繁育箱中，一般不放装饰物，避免影响幼鱼的生长。

如果条件允许的情况下，完全可以为待产母鱼弄一个专门的繁殖缸。在繁殖水温、水质适宜的情况下，广阔的活动范围，以及营养充分的饵料对于母鱼的生产有益无害。

除了市场上现成的繁育箱，很多鱼友还会自制繁育箱，既可以变废为宝，体验自己动手 DIY 的快乐，又可以自己决定繁育箱的样式、大小，是既省钱又有趣的选择。通常的制作标准为敞口、进水容易、幼鱼进出无阻。

繁育箱

那么如何DIY繁育箱呢?

准备材料

干净的透明塑料瓶（饮料瓶、塑料饭盒、塑料杯都可以，尽量不要用油壶，因为油壶难于清洗干净，会影响水质）、带有网格的塑料板、小刀、剪刀、丝袜、细绳。

具体步骤

1. 首先，将瓶头和瓶底挖空，再用小刀在瓶壁上开几个口子，这样可以保证小繁育箱里面的水能与水族箱的水循环。

2. 将准备好的网格的塑料板卡在塑料瓶内，起到隔离保护的作用。如果鱼儿是卵胎生的，塑料板在瓶身中间时，小鱼出生后会直接掉到下一层，而亲鱼体积偏大则进不去。即使是卵生的鱼类，等受精卵孵化成小鱼儿后，一样也会自动掉到下一层。

3. 在瓶身外面罩上一只丝袜，用丝袜将整个塑料瓶都包住，检查丝袜是否破损，保证充分与外界隔离，避免小鱼流出被吃掉。

4. 用绳子将丝袜系紧，避免脱落。

5. 将做好的繁育箱竖直固定在水族箱里面的一侧。

6. 最后，将待产的母鱼或已出生的幼鱼，放入箱中。

如何照顾新生鱼苗?

繁育箱可以将大鱼隔离在外面，帮助鱼宝宝们阻挡外界的危险。不过这并不等于小鱼们就能够平安长大，因为新生鱼苗的身体仍然十分脆弱，各部分身体机能还没有发育完全，需要一段时间的成长才能应付周围的环境变化。所以，小鱼刚出生的这段时间，对生存环境有着极为严苛的要求，稍有不慎，就会一命呜呼，甚至导致全军覆没的惨剧。那么，护理这些小生命，需要注意以下事项。

控制水温

无论是成鱼还是幼鱼，水温都是它们繁衍生息的重要因素，可以说，水温是鱼类的生命线。

对于幼鱼来说，适宜生长的水体温差范围比成鱼更加小，水温哪怕只有1℃～2℃的变化，都可能带来灾难性的影响。水温的突然变化是幼鱼死亡的重要原因之一。

此外还需注意室温对水温的影响，繁育箱的水体比较小，受室温的影响较大。很多地区如果不使用空调等控制室温设备，早晚温差会有很大的变化。如果水族箱靠近窗台，一天之内的温差甚至会大于 3℃，这时就容易引起小鱼苗的猝死。

那么，什么样的温度最适宜幼鱼成长呢？一般在成鱼适宜的水温基础上，缓慢提升 2℃，幼鱼的感觉最舒适，此时它们食欲旺盛，活动频率增加，生长速度也就相应加快了。

小鱼苗

保证水质

相比于成鱼，幼鱼对于水质的要求更加苛刻。幼鱼的身体系统尚未发育完整，对病菌的侵袭抵抗力差，水质受到污染，微生物含量过高，就会危害幼鱼的健康。幼鱼一旦生病，就难以治疗，即便治好，也是一个非常艰难的过程，所以在源头上把控好水质，是十分必要的。

小贴士

给幼鱼换水时，会引起水温和水质的变化，可以采用滴流法，就是利用滴流的方式给水族箱缓缓注入新水，这个方法一方面可以避免水温和水质的波动，另一方面，也给小鱼留出了适应水温和水质变化的时间。自制滴流设备非常简单，给饮料瓶接个塑料管，然后控制好水的流速就可以了。

精选饵料

刚出生的小鱼不需要马上投喂食物，因为小鱼肚子里面都会残留一些营养，不会马上完全吸收。在经过几个小时之后，小鱼的肚子渐渐变小，身体细长了，就可以喂食了。在食物的投喂上，要选择幼鱼专用的饲料，原则上要少喂多餐。很多鱼友有这样的心理：多吃点才能长得快。这是十分错误的，此阶段的小鱼没有那么大的胃口，吃不了的饲料也容易污染水质，幼鱼吃了变质的食物残渣，容易生病，所以，建议将小鱼吃剩的食物残渣吸出。

适时分缸

一般观赏鱼的寿命只有一年左右，当小鱼满月的时候，就可以将小鱼放归水族箱了。这时，通过平时的表现，已经可以分辨出健康小鱼的雌雄，雄鱼开始出现追逐雌鱼的现象，繁育箱内空间狭小，要避免小鱼由于追鱼而影响其发育，就要将它们放归水族箱，有条件的情况下也可以将雄鱼和雌鱼分缸饲养一段时间再合缸，这样做的话非常有助于它们的生长发育。

小贴士

很多饲养者会担心，鱼宝宝在出生之后会被母鱼吃掉。其实不必过度紧张，因为母鱼只有在受到惊吓或十分饥饿的情况下，才会吃掉自己的宝宝。在没有外界刺激的情况下，母鱼是不会伤害自己的宝宝。在观察时，时常会看到母鱼用嘴去触碰小鱼，实际上，母鱼这是在帮助小鱼活动，是母爱的一种表现。

Part

8

科学养护，做爱鱼的守护者

小鱼爱打斗，混养需搭配

水族箱是一个完整的生态环境，很多鱼友不满足只饲养一个品种的鱼儿，喜欢进行混养，将不同种类、颜色和体型的鱼混合，以增加水族箱的多样性，并充分利用水体的饵料和空间。但是，观赏鱼的混养也有讲究，因为不同种类的鱼儿对环境、水质的要求都有差异，鱼的性情也有不同，强行混养，水族箱里的“居民们”一定都会不舒服，时间久了，就会发生打斗、死亡甚至全军覆没的情况。

混养还得看习性

鱼的习性一般指性情和食性。在饲养过程中，一般花色和种类不宜太多，不然会很杂乱。搭配比例要以主养鱼类占多数，搭配鱼类占少数。对水质要求相似、性情温顺，食性和栖息水层互补的鱼类可以混养在一起。有些鱼儿是昼行性，有些鱼儿是夜行性，将昼夜两种不同习性的鱼混养在一起，多少会相互影响。有些鱼性情活泼好动，终日穿梭不停，而有些鱼则喜欢安静，不受打扰，自然也无法混养在一起。还有一些鱼，攻击性很强，会对温顺的鱼造成威胁，要单独饲养。吸盘鱼、食藻鱼和接吻鱼等能摄食水族箱中的残饵，舔食箱壁上的藻类，具有很好的清洁作用，在混养时应适当考虑。

热带鱼不可与其他鱼类混养

热带鱼的种类繁多，不同品种的热带鱼，因产地不同，对于水质、水温、氧气都有自己的要求。比如，热带鱼的呼吸耗氧较少，而金鱼耗氧较多，混养之下，金鱼极易缺氧死亡。又如，热带鱼通常都要求相对较高的水温，而一般淡水鱼类对于水温没有那么高的要求，甚至不需要加热。混养的话，水族箱中的鱼类肯定都不舒适，难免出现各种问题。

金鱼与锦鲤不可混养

金鱼和锦鲤的亲缘关系虽然很近，又都属于淡水鱼，但它们同样不宜混养。无论在体型、性情、活动能力还是抢食能力，锦鲤都要比金鱼厉害很多。锦鲤天性活泼、强悍，而金鱼体型相对娇小，会受到威胁。另外，每次投放食物后，锦鲤会先抢夺一空，再强悍的金鱼都无能为力。最后，金鱼会出现心理和生理上的问题，甚至饿死。

繁殖期的鱼儿需要保护

鱼儿进入繁殖期，身体和性情都会发生变化，这个时候需要放入繁育箱饲养，无论是出于保护即将出世的鱼苗，还是出于保护成年亲鱼的健康，此举都是必要的。

好战分子单独养

值得一提的是，一些特殊品种的热带鱼，性情非常好斗，即便不处于发情期，也格外凶狠，无论对同品种的鱼还是其他品种的鱼，都进行攻击。这样的品种，一定要一缸一尾，不可混养，不然会频繁出现流血事件。

两条打架的鱼

添置新鱼有讲究

当水族箱的鱼越养越好时，一些鱼友就会再购买新鱼苗入箱饲养，一来给原有的鱼儿添加新伙伴；二来为水族箱又增加了一道新风景，让水族箱更加赏心悦目。

但很多人也许还不知道，购买新鱼之后，并不是倒入水族箱就“完事大吉”了。从新鱼购买到倒入水族箱，其中还有很多容易忽略的环节，比如打包、开包、过水等。这些细节处理直接关系着新鱼初期的健康。处理稍有不当，不仅新鱼会难以成活，还会连累老鱼得病。所以，放入新鱼时一定要注意以下这些问题。

采购新鱼注意给氧

采购新鱼时，一般都是将鱼放入装着养鱼水的袋子中，然后打足氧气，携带回家。需要注意的是，水不能太少，至少要高于鱼身 5 厘米左右，另外水和氧的比例要控制在 1:1 左右，这样可以保证长时间运输鱼体不会受损。

塑料袋中的鱼

路上小心漏水漏气

打包鱼的袋子，一般都是比较薄的塑料袋，并不结实。路上行走或者开车的颠簸和震荡，对鱼不会产生多大影响，但袋子却很容易破损，发生漏气、漏水的情况，所以一定要注意包装，不要耽搁，尽快回家。

开包要防缺氧

安全到家之后，不建议一下开包。因为袋子注入的氧气可能会瞬间释放，导致新鱼出现缺氧的状况，严重的话，甚至会浮头。一般来说，如果袋子中的鱼比较多，密度大的话，应采取缓慢放气法，让纯氧慢慢与空气中和；若是袋子中的鱼儿密度不大，那么直接开包，则没有什么影响。

适应新水要时间

刚到家的新鱼不要一下就倒入水族箱，需要给鱼一个适应环境的时间。可以将水族箱中的水放一点到袋子中，让鱼适应水质，而后慢慢将袋子中的原始水置换掉。也可以用泡缸法，将袋子浸泡在水族箱中一段时间，让新鱼渐渐适应水温，然后再倒入水族箱。

注意新鱼被攻击

在混养的时候，还要注意鱼的领地意识，一些鱼有强烈的攻击性，新鱼初来乍到，容易被排斥。另外，新鱼来到陌生环境，会先找个躲避处，因此箱内最好要有适合躲藏的地方。

出门在外，鱼儿怎么办？

观赏鱼是一种室内饲养的宠物，不能带着外出，也很难寄养，许多饲养者可能会出差，或者在假期外出旅游探亲，这时，家中的观赏鱼便无人照顾，水质、供氧、过滤、喂食等问题让人头疼不已。其实，观赏鱼的生存能力看似脆弱，但只要保证水环境的稳定，它们就可以生活得很好，只要提前做好准备，就可以放心外出了。

提前递减喂食量

在正常的日子里，鱼儿在主人的呵护下，每天都会被定点定时地投喂。当计划外出的时候，应该提前让鱼儿们适应没有投喂的日子，提前递减它们的投喂次数，直至停止投喂。鱼的耐饿能力很强，只要水质健康，氧气充足，即便十几天没有进食，也不会饿死。相反，如果吃得太多，排便量就会增加，粪便得不到及时分解的话，就会破坏水质，影响鱼的生存。

检查完毕再放心出门

检查所有设备

在外出前，一定要对水族箱的所有设备检查一遍，看看运转是否正常，包括灯、气泵、过滤、加热棒、插座和保险丝等鱼缸及周边的设备，一般情况下，如果设备正常运转，没有突然停电等状况发生，在很长时期内，都会保持一个稳定的生态环境。但是，如果在家中无人期间，发生水温不稳定、通风不畅、氧气匮乏、鱼儿跳缸等情况，后果是无法挽回的。

进行整体换水

在计划外出前，可以提前蓄水，然后提前几天开始，对水族箱里的水进行更换，以保证无人看管的几天里，水质清新。切忌一次性把水都换了，这样鱼儿适应新水的时间，正好是主人不在家的时间，很容易发生意外。换水应采取部分换水法，先换三分之一的水，然后隔天再换三分之一，直至整箱水都换过，然后大可以放心出门。

做好清洁，更换滤材

在换水的同时，可以对水族箱进行一次彻底清洗，将内壁、底层、边角、装饰物都洗干净，然后将过滤系统内老化的滤材更换一次。但注意不要全部替换，含有丰富的硝化细菌的底部要保留。

最后，你还需要检查家里的电路、保险丝、插座等相关设备，查看有无线路老化或漏电、漏水等问题，在出门前，最后看看缸盖是否盖好，以免鱼儿跳缸。

只要按照以上步骤准备，在不突然停电的情况下，基本可以保证鱼儿的正常生活。当然，出门在外，谁都无法保证万无一失，还可以拜托朋友时常过去查看一下。

小贴士

锦鲤、龙鱼等大型观赏鱼自身的脂肪存贮比较高，即使几天不进行喂食，只要保证水环境的适宜稳定，也能够坚持相对长的时间，等外出归来后，再循序渐进地恢复喂食就可以了。

鱼儿爱自由，水族箱放养密度如何定？

鱼儿在自然界里生长，水域宽阔，自由自在，但是，水族箱中的空间有限，氧气等必需的条件也有限，所以，控制鱼儿的放养密度格外重要。鱼儿也需要空间，所谓“宽水养大鱼”，只有为鱼儿提供足够的空间，氧气充足，鱼儿才能健康成长。相反，如果放养密度太大，鱼儿没有足够的生存空间，水中的氧气就会迅速消耗，它们无法适应拥挤的生存环境，会缺氧致死。

从观赏角度上看，一个水族箱里，如果鱼放养得太少，就显得空空荡荡；如果放养过多，则又显得拥挤杂乱。从科学饲养角度来讲，放养过密，导致鱼的基本生态条件受到破坏，必然导致鱼的死亡，所以放养密度应适中为好。

观赏鱼的放养密度，要从水族箱的大小、水量、水温、充氧状态、鱼体大小及生长等综合情况来合理把握。不同种类的观赏鱼，对于生存密度的要求也不一样。如水温适宜，水草茂盛，有充氧和过滤设备，养殖者有一定经验，则可适当增加放养密度；反之，应适当降低放养密度。夏季由于水中溶氧量少，放养密度较稀为好；冬季耗氧量小，就可以适当增加一定的放养量。另外，水温低时可多养，水温高时要少养。

如果是体形、色彩优异的品种，最好稀密度放养，饵料适当增加投放，让它们快速生长。总之，观赏鱼的放养密度要以不缺氧、无浮头为标准来进行适当调配。

热带鱼对水温的要求非常高，对于水族箱内设施的要求也很高，不仅要在水族箱内添置加热管、充气泵等设备，还要搭配各种各样的水草、山石等景观，这些都占据了水族箱中有限的空间。所以饲养热带鱼要充分考虑到水族箱的大小，以免限制鱼体的正常活动。

郁闷的鱼

一个水族箱里具体放养几条鱼为好呢？下面给出推荐数据：规格 60 厘米 × 35 厘米 × 35 厘米的水族箱，可放小型鱼 30 ~ 40 条、中型鱼 16 条或体大的鱼 6 ~ 8 条；一般规格为 40 厘米 × 30 厘米 × 30 厘米的水族箱，可以放养小型热带鱼 20 条左右，不适宜养大中型的鱼类。

在放养热带鱼时，也不要将各种热带鱼进行“大杂烩”，最好遵循少而精的标准，以选择某一品种的热带鱼为主，将不同体色、不同体型的热带鱼合理地放养在一起。比如，有些性情凶悍的品种，如非洲豹鱼、满天星鱼、蓝宝石鱼、红宝石鱼、斗鱼、斑马凤凰、非洲凤凰、火口鱼、虎皮等，因为比较好斗，攻击性非常强，即使在较大的空间里，也可能会对小型热带鱼进行攻击，所以尽量不要让放养的密度太大，或者考虑单养。

硝化细菌，平衡生态的好帮手

水族箱内的水体空间有限，缺乏自然的生态调节系统，物理过滤设备只能清除水中的较大杂质，对于鱼的粪便、食物残渣则效果不佳。这些有机物分解后，便会生产出氨、硫化氢、氮等有害物质，致使水质恶化、水体混浊、细菌滋生，危及鱼的健康。在水族箱内培育或添加硝化细菌，可以营造平衡的水体环境，保持水质稳定，保证鱼的健康成长。

硝化细菌是一种细菌，通过在有氧气的水中或者沙层生长，把水体中的氨和亚硝酸盐转换成对鱼儿无害的硝酸盐，对净化水质和维持水族箱内的生态环境起着非常重要的作用。

硝化细菌的培育

硝化细菌是自养细菌，因为这个关系，它们繁殖的时候需要消耗大量的自身营养，所以其繁殖需要消耗很长时间，我们在培养硝化细菌时，也要按部就班，不能着急。

新鱼进驻水族箱之后，会在水中排放废气和粪便，这些排泄物经过分解，会产生氨等有害物质。随着时间的推移，水体中氨的浓度开始增加，这时对鱼儿的喂食要减半，在换水时，不要一次换光，换掉一半即可。

大约一周后，亚硝化菌属开始长成，并分解水体中的氨，其浓度会快速减少。亚硝化菌属会把氨分解为亚硝酸盐，对鱼也是有害的。这期间保持喂食减半的状态，换掉四分之一的水。

再过一周，测量时会发现，水体中亚硝酸盐和氨的浓度渐渐降低为零，而硝酸盐的浓度开始增加，这时硝化系统便建立起来了。对鱼儿的喂食和换水都可以恢复正常了。

硝化细菌的生长条件

硝化细菌的生长，也需要一定的条件，不然就会影响硝化系统的建立。

1. 水温

20℃ ~ 28℃的水温，最合适硝化细菌生长。当水温维持在 25℃时，生长以及繁殖态势最佳。如果水温低于 15℃或高于 40℃，硝化细菌就停止代谢和分解作用，难以存活。

2. 光照

硝化细菌不能进行光合作用，也惧怕光照。

3. 底质

硝化细菌的生长，一般需要一些附着物，良好底质能够为硝化细菌提供附着、遮掩和获得氨源的作用。硝化细菌在没有找到合适的附着物时，就不会进行繁殖，没有分解作用。一些过滤器材里面，如过滤棉、生化海绵、陶瓷环等，都是硝化细菌偏爱的角落。

4. 水流

硝化细菌一旦选定附着物，就不会随意更换地方，保持水的对流性，能够为硝化细菌提供氧气、氨以及其他营养物质，促进其生长。

5. 水溶氧

水族箱内水溶氧的含量不要低于 0.0002%，否则将无法建立起所需的硝化系统。

6. 消除其他竞争对手

有机物是硝化细菌生长的天敌，不但会影响硝化细菌的生长，还会排挤硝化细菌的生存空间。

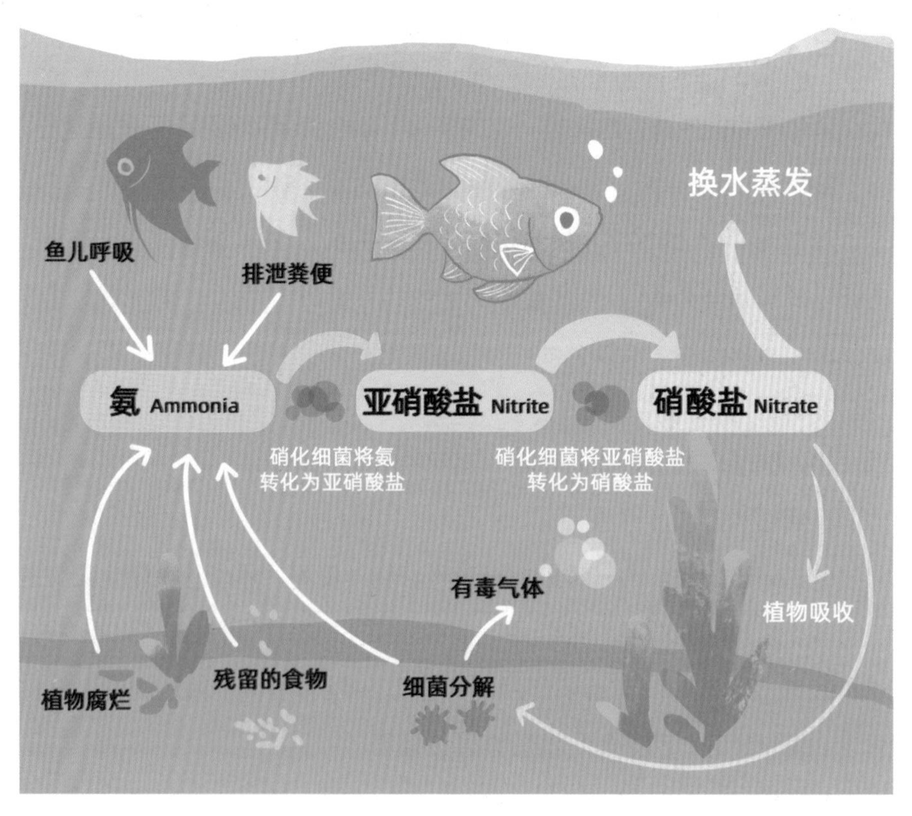

硝化细菌分解图

如何选购硝化细菌

自己培育硝化细菌，需要花费不少时间，现在很多地方都可以购买硝化细菌，不过，在选购时需要注意一些事项。

生产日期：硝化细菌也是有生产日期和保质期的，一般保质期都在一年左右。

颜色：合格的硝化细菌颜色是白色或淡黄色的，如果发现菌液呈现的是黑色，说明硝化细菌已经死亡了。有些颜色为红色或者浅红色的菌液，则有可能是光和细菌或其他菌液，而不是硝化细菌。

气味：正常的硝化细菌是带有淡淡的腥味或无味。如果闻到强烈的刺鼻味道，或一股类似臭鸡蛋的气味，则不要选择。

菌种：硝化细菌可以细分为淡水和海水两类，两种硝化细菌不能混用，建议根据需求，慎重选择。

小贴士

硝化细菌的搭档

硝化细菌能够快速清除水族箱内的氨和氮等毒素，其分解的速度越快，说明硝化细菌的工作效率越高。不过硝化细菌只能用来分解氨和氮等毒素，而对于悬浮在水面的固体颗粒是没有任何分解效果的。

目前有一种专门的水体净化剂，投放到水族箱后能够释放出絮状物，把水体中的固体颗粒吸附起来，然后再依靠过滤设备从水中除去。这种水体净化剂虽然能够有效净化水质，但并不能消除对鱼儿伤害最大的毒素氨。可以与硝化细菌配合使用。

二氧化碳，水体平衡需要它

植物生长需要利用二氧化碳，事实上，在鱼类养殖过程中，水族箱也需要二氧化碳来维持水体的化学平衡。如果水中的碳酸盐浓度过高，分解就需要大量的游离二氧化碳。如果二氧化碳含量目前不足，将形成钙沉积，水体 pH 值将升高，导致水质变化，威胁鱼类的健康生长。如果整个水体缺乏二氧化碳，水生植物将停止生长和提供氧气。因此，我们需要为水族箱补充二氧化碳。

二氧化碳需求量的判定

二氧化碳是看不见摸不到的气体，如何判断二氧化碳的需求量，具体添加多少才合适呢？有四个方法可以用来判定。

1. 水族箱大小

正常情况下，当水族箱容积较大时，水流量相对较大，水中的碳、pH 值和二氧化碳含量处于相对平衡状态，整体水质相对稳定。水若是比较少，如果不注意清洁和保养，水质会发生变化，二氧化碳含量也较低，因此需要添加更多的二氧化碳。

2. 光照

水生植物必须通过简单的光合作用来转化营养。水族箱中的光线越强，水生植物的新陈代谢越快，营养利用率越高，对二氧化碳的需求就越大，水族箱中必须添加的二氧化碳也就越多。

3. 水生植物密度

水生植物的密度与二氧化碳的需求量成正比，即水族箱中水生植物的密度越高，释放的氧气越多，需要的二氧化碳越多。但有时不同类型的水生植物对二氧化碳的需求量也不同，生长速度快的水生植物要比生长缓慢的植物需要更多的二氧化碳。

4. 碳酸比

水族箱中不同的鱼类和水生植物对水的 pH 值和二氧化碳需求的份额不同。为了保持水的中性，必须添加适量的二氧化碳。

如何添加二氧化碳

鉴于二氧化碳本身具有的水溶性和扩散性，要借助一些装置和设备进行添加。常见的有以下两种方式，方便且有效。

使用吹管装置

利用吹管装置将二氧化碳吹入水中，使其在水体里溶解。比较常用的是一种螺旋吹管，这种吹管，能够有效地让水滴和二氧化碳混合，快速溶解。不过，这种吹管装置的口径和管径都比较小，只适用于小型的水族箱。

使用二氧化碳瓶

二氧化碳被压缩在钢瓶中贮存，使用时只需注入水中即可。一般来说，钢瓶内贮存的液态二氧化碳可使用数周。二氧化碳瓶一般配合电磁阀、压力表、止逆阀等使用，用光后还可以重新装填。

二氧化碳瓶

小贴士

二氧化碳瓶使用注意事项

1. 留意压力表

二氧化碳瓶，是将二氧化碳高压液化后贮存在钢瓶里，正常的情况压力应为60帕。而当环境温度发生变化时，会影响到瓶内的压力增减。所以当温度发生变化时，必须留意钢瓶微调阀的状况以及压力显示表，并调至正常幅度。

2. 观察设备的运行情况

即使二氧化碳浓度变化很小，也会直接影响水体的酸碱平衡，即pH值的变化。当使用二氧化碳自动供气系统时，必须始终注意确保系统正常运行。只有这样，我们才能有效控制水体中气体和物质的溶解率。

3. 当心供应线

对于储存二氧化碳的设备和管道，我们还应特别注意确保没有空气泄漏，并确保鱼类没有受到影响。

4. 注意安全阀

随着环境温度的升高，瓶内压力升高，一旦压力过高就会发生漏气，因此，压力废气阀的质量直接关系到二氧化碳气瓶的安全。

Part

9

求医不如求己，治病不如防病

如何知道鱼儿生病了？

对人类来说，鱼是缺少互动的动物，它不像一些哺乳类宠物，可以与主人进行深入的互动，表示自己的喜怒哀乐。当鱼生病时，它们不可能主动向主人寻求帮助，这就要求我们经常观察鱼的动态，了解它们的身体状况，通过观察鱼儿的表现，判断出它们是否生病。

其实，鱼类虽然不会表达，但同时，它们也不会隐藏，如果身体不适，可以轻易地从它们的表现中看出来。

身体健康的鱼儿，精神状态会很饱满，进食量也比较稳定，在投喂食物时，会有积极的抢食行为，如果发现有一段时间鱼儿突然食欲不振，进食量少了，也不抢食了，就要引起注意了。

当鱼的身体不适时，除了食欲不振，经常会伴随着体色的减退，平常光鲜亮丽的颜色突然暗淡无光，甚至发生褪色，这就是发病的征兆。

另外，鱼儿身体不适，还会出现精神反常和诡异行为：平时喜好安静的鱼儿，突然四处乱窜，焦躁不安；一些活泼好动的鱼儿，突然萎靡不振，行动迟缓；喜欢群居的，突然单独行动；爱潜水的，忽然浮到上层。如果出现以上这些情况，就要多多进行观察，注意水温、水质、增氧、光照等各方面的供给，看看是哪里出了差错，观察鱼儿的进食、精神、行为等状态。如果情况变得更加严重，有必要进行隔离观察，并及时治疗。

一般情况下，鱼儿在表现出不适之后，如不是外在原因，就会很快出现肉眼可见的病症。常见的有皮肤异样，鱼儿身体表面包括鳍条、鳍尾有可见的白点、白毛、红斑、出血、水肿、溃烂、鳞片竖起、黏膜脱落或者附着有其他异物。一些疾病，会造成鱼儿呼吸困难，鳃丝异常，掀开鱼儿的鳃盖，会发现里面鳃丝颜色异常，偏白，黏液也较多，鳃盖内表皮腐烂，鳃丝缺损以及鳃盖其他异常病变症状。得了消化类疾病的话，鱼的排泄会异常，鱼儿粪便突然变多，或者粪便悬在肛门长期不脱落，又或者肛门四周红肿，有黏液渗出。此外，还可能是寄生虫感染，一般在鱼儿鳞片下面或者鳍条、鳍尾有可以看见的红色虫体；鱼儿身体表面有白色黏液，同时还可以看见细毛状的虫体活动。

鱼儿一旦得病，就会迅速恶化，如果不及时治疗，就很难治愈，一些时候还会出现水体污染，传染给其他鱼类，我们要针对可能使鱼得病的病因加强日常管理，对各种设施渔具定期杀菌消毒，最大限度地预防鱼病的发生。

生病的鱼

让鱼儿生病的那些因素

观赏鱼的抵抗力要比我们想象的强很多，多数情况下，鱼儿得病，多是因为外部环境的改变和侵害引起的，总的来说，鱼儿生病可从四个方面寻找原因，及时对症治疗。

鱼儿病原溯源

环境因素	水温变化	鱼儿对水体温度的变化是非常敏感的。当水温突然升高或者降低时，鱼儿一旦无法适应，就会发生病理反应甚至死亡。
	水质条件	不同的水质污染，会引起不同的疾病。在优良的水质下，鱼儿必定会生长得健康活泼；相反，如果水质条件特别糟糕，鱼儿就会生病或者死亡。
	含氧状况	在缺氧的情况下，鱼儿的活动量和进食量都会减少，免疫力也会下降，使鱼儿更容易发生疾病。

（续表）

人为因素	密度不均	饲养密度太大，水族箱里的生态环境压力也会增加，就会出现缺氧、喂食不均等状况，鱼儿之间因生存而争斗，最后导致伤的伤、病的病。
	搭配不合理	不同种类的鱼儿对生态环境的要求都是不一样的。若水族箱中鱼儿搭配不合理，把生态习性差异大的鱼儿放在一起混养，就会引起鱼儿的不适。
	喂食不当	鱼食应保证新鲜、营养，要是投喂了已过期或者长霉的饵料，鱼儿会消化不良，犯肠胃炎。喂食还应该适量、适当。喂食不适当、适量，则会造成鱼儿消化系统紊乱。
	操作不慎	在换水、清洗的过程中操作不当的话，很容易对鱼儿的身体造成不同程度的损伤，引发病原体入侵或局部感染发炎。
	药物滥用	在给水体、鱼体或者为防治鱼病用药的过程中，药物选择不当、用量和使用方法不对或者药物搭配不合理等，都会破坏水体，破坏水族箱生态平衡系统，直接或者间接对鱼儿造成不同程度的药物伤害，严重时鱼儿会中毒死亡。
生物因素	病原体侵袭	鱼儿周围或者体内病原体越多，鱼儿患病的症状就越明显。水质越差，越有利于病原体的生长繁殖，传染力就越强，严重时可直接导致鱼儿大量死亡。
	藻类繁衍	藻类存在对鱼儿生长是极大的威胁。一些藻类如嗜酸卵甲藻、水网藻等，还会对鱼儿构成病害威胁。水网藻的密网常常缠绕幼鱼，幼鱼拼命挣扎的话，就会造成拉伤，这时病原体就会乘虚而入。由于幼鱼的抵抗力不强，就很可能会因此死亡。
本体因素	体质问题	对人类来说，体质强壮的人不易患病，体质虚弱的人则时常会有疾病来敲门。鱼儿也会因个体强弱差异，而导致患病概率的不同。
	年龄差异	鱼儿对外界疾病的抵抗能力会随着年龄变化而变化。
	活动轨迹	鱼儿在游动过程中，无意间触碰到外设设备、装饰物等物品，发生了磕碰、刮伤，引起感染，导致疾病。

了解了这些引发鱼生病的因素后，当鱼不幸染上了疾病时，就可以从容应对，通过鱼的发病症状仔细观察，进行确诊。知道因何而起，才能对症下药，如果乱治不但不能见效，还会错过最佳的治疗时间。

治疗过程中也要抓住重点，在知道病因之后，要对鱼生存的环境进行消毒杀菌，保证水体清洁是鱼能否治愈的关键，只有水中无病菌鱼才能康复。若是只治疗鱼本身，而忽略了对外界环境的改善，鱼只会进入好了又犯、犯了又治、治好再病的循环。

治病不如防病，鱼儿保健是关键

鱼儿生病是很麻烦的事，即便拥有多年饲养经验，也不能做到任何情况都能从容应对。作为非专业的饲养者，很难做到及时发现鱼儿患病，并及时确诊，对症下药。这个时候就需要在平时将预防作为重点，为鱼儿创造一个良好的生活环境，尽可能地防止鱼儿生病。

保持良好的水体环境

水是鱼儿的家园，预防鱼儿生病，首先就要从水做起，针对所养的鱼儿的种类，了解它们对水体环境的要求，注意水温、水质、放养的密度，而后悉心维护，尽可能保持鱼儿水体环境的稳定平衡，以免其因为变化太大而产生不适。

设备与器材维护

水族箱中的各种设备，虽然总体是为了改善水质，维护水体环境而设置，但使用时间长了，难免会发生污染、故障。对于这些设备，要勤消毒，多维护，以免造成病原体生长繁殖。

饵料消毒

很多饲养者喜欢给鱼喂食鲜活的饵料，饵料上难免带有病原菌或寄生虫，容易污染水体，鱼儿吃了之后也会迅速感染生病。所以，平时一定要注意饵料的安全，不能随意投喂。

鱼体消毒

新购买的鱼儿，因为来自外部环境，可能带有病菌，在将之放置进水族箱之前，可以先对其进行消毒，保证水族箱内不受到外界的污染。

提高鱼类抵抗力

一般来说，鱼生病是内外因素共同作用的结果，在排除外界因素的前提下，提高鱼类抵抗力也是一种非常有效的防病方法，可以根据鱼的特点，投喂满足营养需要的饵料，注意喂食时间和剂量，以增加鱼类的稳定性。当然，在换水、分开养殖和换鱼时，必须非常小心，以免伤害鱼类。

发现疾病及时治疗

如果发现鱼有食欲不好、行动缓慢和体表变色等此类疾病的前兆，应及时将鱼分开喂食，预防疾病传播；如果发现病鱼或死鱼，可以捞出死鱼，对病鱼进行治疗；如果情况严重，应及时处理；对于没有生病的鱼，连同水族箱、水生植物、沙子和石头，必须进行彻底消毒，然后替换新水。每次使用的装备也必须消毒。

定期投喂药饵

一些观赏鱼易发生内脏器官方面的疾病，需要用口服药防治。由于不能强迫鱼类吃药，所以只能将药物放在饵料中诱食，但不能长期服用。

做好预防鱼病工作，不能对鱼病的发生抱侥幸心理，而应采取积极的防病措施，不然的话，一旦发生鱼病，就会措手不及，造成较大损失。

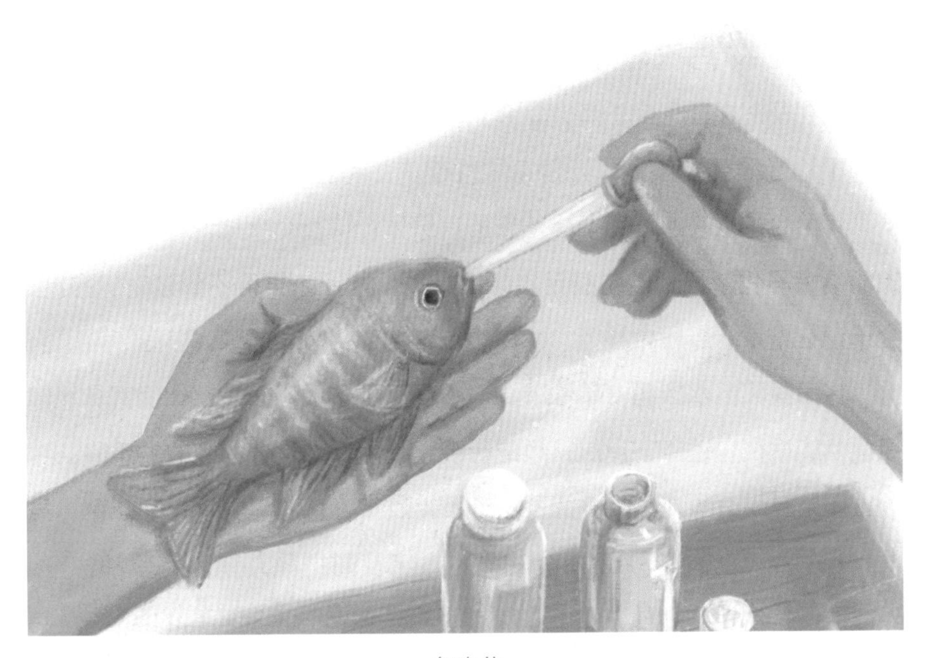

鱼吃药

生病的鱼儿也需隔离

水族箱是一个封闭的生态系统，尽管可以维持着相对的平衡状态，但不可避免地会滋生寄生虫、有害菌等威胁到鱼儿健康的情况发生，由于在空间上，不同于大自然的广阔，一条鱼生病了，就可能牵连其他鱼儿。所以，要及时发现患病的鱼儿，并对其进行隔离治疗。

不论是细菌性疾病，还是寄生性疾病，都会破坏水族箱内的生态平衡，病菌会扩散在水中，衍生出新的病原体，将整个水体污染，不仅病鱼的病情会恶化，还会威胁甚至传染给其他鱼儿，如果得不到及时的控制，会迅速在整个水族箱中蔓延，水体中所有的生物都会遭殃。

将病鱼移出水族箱，单独隔离，不仅可以有效切断病原体危害其他健康鱼儿的途径，还能方便对病鱼进行观察和治疗，是非常有效的手段。

如果发现有鱼儿出现食欲不振、精神反常、行为诡异、体表褪色、身上长斑等状态，就表明它可能生病了，应及时把鱼儿捞出，单独饲养。隔离期间，水温、水质、含氧量都要注意，保持与水族箱内的条件一致，病鱼的体质下降，脆弱而敏感，稍有不适应，病情就会恶化，难以治疗。隔离期间要随时观察，根据其患病特性，确定病症，找到病因，以便对症下药。

在鱼儿的病症得到确诊后，就需要立即进行治疗。在病鱼隔离分养期间，比较常见的治疗方法是将病鱼放置于提前配制好的药水中，浸泡治疗，也就是药浴法。

药浴前，对病鱼应提前一天停止喂食，以减少耗氧量，要严格根据处方控制药液的浓度，让鱼能够长时间浸泡，治疗时间最好选在白天，可以随时观察，这样一旦发现鱼儿有不良反应时，能及时捞出。

经过一段时间的药浴治疗后，鱼儿的症状渐渐就会得到缓解，这时不要着急将病鱼放回水族箱，应该继续观察一段时间，确定鱼儿完全痊愈后，再将其与其他鱼混养。

鱼的隔离

小贴士

细菌非常顽固和狡猾，如果发现病鱼，不仅要观察未患病的鱼，及时换水，最好还要将水族箱、水草、沙石、捞鱼的工具等器物都进行消毒，再注入新水，避免细菌卷土重来。

鱼儿患病的常见药品

用于治疗观赏鱼病的药物很多，根据药物性能区分，有外用消毒药、内服驱虫药、氧化性药物等，还有部分农药及染料类的药物。各种药物的理化性质不同，对鱼病的治疗效果及使用方法也各不相同，只有了解一些常见的药品，才能做到对症下药。

鱼的药瓶

红霉素

性状：是一种由红色链丝菌培养出来的抗生素，呈白色或淡黄色粉末状，无刺鼻的味道，口感微苦，能溶解于水，可阻碍细菌繁殖，预防炎症。

防治对象：可治疗肠炎病和细菌性烂鳃病。

使用方法：用来治疗肠炎病时，第 1 天，每千克鱼在饵料中投放 100 毫克红霉素，混合均匀后喂食，在第 2 ~ 6 天，要减少用量，每天投放 50 毫克红霉素制成药饵，持续喂食一周即可。用来治疗细菌性烂鳃病时，将红霉素均匀溶入鱼缸中，使浓度达到 0.07 毫克 / 升；第 2 天将红霉素药粉拌入饵料中投喂，持续一周病情就会得到好转。

土霉素

性状：是一种由链丝菌培养出来的抗生素，呈黄色结晶粉末状，易溶于水。

防治对象：用于防治白头白嘴病和烂尾病。

使用方法：每千克鱼饵料中加土霉素 400 毫克，合成药饵连喂 6 天，或用 25 毫克 / 升的土霉素药液浸洗鱼体 30 分钟，持续一周，就能有效治愈白头白嘴病和烂尾病。

金霉素

性状：是一种碱酸两性物质，既可制成盐酸盐，又能制成钠盐。常用的是盐酸盐，呈金黄色结晶体，易溶于水。金霉素抗菌范围较广，能抑制多种细菌的生长与繁殖。

防治对象：可以治疗白头白嘴病、烂尾病和白皮病。

使用方法：鱼儿发生病症反应后，用浓度为 12.5 毫克 / 升的金霉素溶液药浴 30 分钟，持续一周，病情即有好转。

强力霉素

性状：成品为黄色或淡黄色结晶粉末状物体，没有气味，味道偏苦，是一种高效且长效的半合成四环素类抗生素，对观赏鱼因细菌感染而引起的病症具有较好的疗效。

防治对象：用于防治链球菌病、鱼类弧菌病等。

使用方法：每千克饵料中添加 20 ~ 30 克强力霉素，制成药饵后连喂 10 天可消除疾病。

碘

性状：成品为紫黑色结晶颗粒，泛有金属光泽，闻起来有臭味，质量偏重，质感偏脆。放在通风处或高温的环境里，能够变成紫色的气体挥发掉。

防治对象：可起到消毒杀菌的作用。

使用方法：每 50 千克鱼在饵料中加入 1.2 克碘，持续投喂 4 天。

磺胺脒

性状：成品为白色针尖状结晶粉末，没有刺鼻的味道，在光照下颜色会变深，在水和乙醇里可微量溶解，在沸水里面可完全溶解。

防治对象：可防治鱼儿肠胃炎。

使用方法：初次使用时，每 10 千克鱼投放 1 克磺胺脒，在后面治疗中，药量需减半投放。

磺胺噻唑（消治龙）

性状：成品通常为白色或淡黄色结晶粉末，没有刺鼻的味道，在光照作用下颜色会变深，在水中可微量溶解。

防治对象：对治疗赤皮病和肠炎病效果显著。

使用方法：每 10 千克鱼在饵料里投放 1 克磺胺噻唑，持续投喂 6 天。

呋喃西林

性状：成品为棕黄色结晶粉末，无刺鼻的味道，口感微苦，在光照下颜色会变深，在水和醇中可微量溶解。

防治对象：预防赤皮病、烂鳃病以及肠炎。

使用方法：每 10 千克鱼在饵料里投放 0.2 克呋喃西林，持续 3 天，每半月投喂一次，能有效防治肠炎病；用浓度 0.0001%的呋喃西林浸洗鱼体 10 分钟，可防治赤皮病。

四环素

性状：主要是金霉素脱氯后产生的一种物质，同时还可以从绿色链霉素中提取，成品为黄色结晶粉末状，口感偏苦，易溶于水。

防治对象：可以治疗烂尾病、白皮病和爱德华氏病。

使用方法：每千克饵料中添加 400 毫克的四环素，制成药饵投喂，连喂一周，病情会有所好转。

磺胺嘧啶（SD）

性状：成品为白色结晶粉末，味道偏苦，比较难溶于水，但是能够溶解在碱性的溶液里，药效发挥速度较快。

防治对象：用于治疗肠炎病、赤皮病、竖磷病。

使用方法：每千克饵料里加入 0.1 克磺胺嘧啶，连续投喂一周，病情会得到好转。

磺胺甲基嘧啶和磺胺二甲基嘧啶

性状：这两种药的药效和性质都与磺胺嘧啶一样，鱼儿服用后，吸收能力变快，但是排泄会变慢。

防治对象：可治疗细菌烂鳃病、肠炎病、竖鳞病和赤皮病。

使用方法：每千克饵料里加入其中一种 100 毫克，制成药饵，连喂一周后，病情会得到好转。

肠炎灵

性状：是一种由大蒜素和磺胺类药物组成的复合型粉剂，比较难溶于水，能治愈多种因细菌感染而引起的鱼病。

防治对象：用于治疗细菌性烂鳃病、链球菌病和肠炎病。

使用方法：每千克饵料中添加 0.1 克肠炎灵制成药饵，持续投喂一周可见效。

磺胺二甲异恶唑（菌得清）

性状：成品为白色或淡黄色结晶粉末，无明显气味，可以在水和乙醇中微量溶解。投喂本药后，鱼儿的抗菌性会增强，吸收能力变快。

防治对象：用于治疗细菌性烂鳃病、竖鳞病。

使用方法：每千克饵料中添加 0.2 ~ 0.5 克磺胺二甲异恶唑制成药饵，每天投喂，通常持续 4 ~ 7 天便可见效。

观赏鱼的那些常见病

引起观赏鱼疾病的外界因素很多，基本上可以概括为生物、理化和人为三大因素。生物因素：主要有细菌、病毒、真菌、寄生虫病原体和敌害生物等；理化因素：水温、溶解氧、酸碱度等化学成分和有毒有害物质；人为因素包括：放养密度不恰当、混养比例不恰当、饲养管理不善、技术操作不细致等。下面我们就介绍一些观赏鱼常见的病患特征和治疗方案。

细菌性疾病及治疗方法

疾病名称	发病症状	发病时间	治疗方案
烂鳃病	腮丝呈粉红或白色，黏液增多，严重时鳃盖内表皮出现充血，中间部分因腐蚀出现透明的圆形；鱼儿因呼吸困难出现浮头的现象。	在春末夏初或夏末秋初常见。	方法一：用浓度 2% 的盐水浸泡清洗 5 ~ 10 分钟左右。 方法二：用呋喃西林 20 毫克 / 千克浓度的溶液浸泡 15 ~ 20 分钟。 方法三：每立方米用 1.5 ~ 3 克五倍子，煎制成汁洒到鱼缸内，数天后清洗鱼缸即可。

（续表）

肠炎病	病鱼头部、尾鳍发黑，腹部出现红色斑点，肛门处红肿，初期排泄白色线状液体，严重时会出现黄色黏液。状态呆滞、游动缓慢、不合群、厌食甚至不进食。	最常见于 4 ~ 10 月。	方法一：不要喂食变质的食物。 方法二：每 5 千克水中溶解 0.1 ~ 0.2 克呋喃西林或痢特灵，稀释成溶液后浸泡 20 ~ 30 分钟，每日一次。 方法三：用 0.25 克土霉素（四环素）或 0.1 克氟哌酸，每 2 粒同 50 千克水稀释浸泡 2 ~ 3 天后换水即可。
立鳞病（松鳞病）	鱼儿鳞片向外炸开，皮肤较为粗糙，体表黏液较少，鱼鳍部分的组织发生充血、水肿，腹部膨胀。	冬春两季。	方法一：将浓度为 2% 的食盐水和浓度在 3% 的苏打水混合，浸泡 10 ~ 15 分钟，随后放入含有微量食盐的水中静养。 方法二：用 20 毫克 / 千克的呋喃西林溶液浸泡 20 ~ 30 分钟即可。
水霉病（肤霉病、白毛病）	病鱼的体表或鳍条上有白色像是棉花絮一样的丝状细菌，细菌生长的地方组织坏死，伤口发炎、出血或者溃烂。	全年均可发病，尤其是早春、晚冬季节。	方法一：用浓度 5% ~ 10% 的孔雀石绿涂抹患病的伤口，或者用 66 毫克 / 千克的孔雀石绿稀释溶液浸泡 3 ~ 5 分钟。 方法二：2. 每立方米用 2 克五倍子，煎成汁液后，倒入鱼缸搅拌均匀浸泡鱼体。
打粉病（白衣病）	病鱼初期体表黏液增多，背鳍、尾鳍出现白色斑点，斑点逐渐蔓延到全身，连成一片。此外，出现食欲不振、呆浮水面等症状，最后可能会因为呼吸困难而死亡。	春末到秋初最常发病。	方法一：此病常发生在酸性水质中，将病鱼转入微碱性水中即可。 方法二：将小苏打 10 ~ 25 毫克 / 千克溶液泼洒到鱼缸内浸泡鱼体即可。
打印病（腐皮病）	发病初期皮肤、肌肉发炎，出现红色斑点，之后扩大成椭圆形，且界限分明；病情进一步发展，会出现鳞片脱落、皮肤肌肉腐烂，能见到骨骼或内脏，行动变得非常缓慢。	夏季，水温在 28℃ ~ 32℃ 时发病率最高。	方法一：用 1 毫克 / 千克漂白粉溶液对鱼缸进行消毒。 方法二：用 20 毫克 / 千克呋喃西林浸泡病鱼 10 ~ 20 分钟即可。

（续表）

白头（白嘴病）	病鱼的嘴巴和头部出现乳白色，嘴巴像是肿了一样，严重时影响呼吸，病变部位出现溃疡；病鱼漂浮在水面上，反应较为迟钝。	5月上旬～7月下旬最为常见。	方法一：用浓度2%的食盐水浸洗5～10分钟。 方法二：用呋喃西林20毫克/千克浓度的溶液浸泡15～20分钟。 方法三：每立方米用1.5～3克五倍子煎制成汁洒到鱼缸内，数天后清洗鱼缸。
烂尾病	病鱼尾巴部分呈现白色，尾部裂开，严重者尾巴腐烂。	全年均可发生。	方法一：用浓度1%的孔雀石绿溶液涂抹患处； 方法二：将利凡诺0.8～1.5毫克/千克稀释液洒入鱼缸浸泡。

寄生性疾病及治疗方法

疾病名称	发病症状	发病时间	治疗方案
斜管虫病	斜管虫寄生在鱼体腮部或皮肤上，在这些部位会出现很多分泌物，严重时会形成白色雾膜；观赏鱼出现消瘦、鳍萎缩、食欲不佳，漂浮在水面或鱼缸边上。	初冬和春季，对鱼苗危害较大。	方法一：用浓度8毫克/千克的硫酸铜溶液浸泡30分钟左右。 方法二：用浓度5%～10%的食盐水浸洗10分钟左右。 方法三：用温度在10℃～20℃，浓度20毫克/千克的高锰酸钾溶液浸洗20～30分钟。
锚头蚤病	锚头蚤寄生于鱼体皮肤上，患病部位发炎、红肿，甚至出现红斑、坏死；观赏鱼表现得焦躁不安、食欲不佳、消瘦。	4～10月最常见。	用镊子拔去寄生虫，用浓度1%的高锰酸钾涂抹患处，30秒后放入鱼缸内，次日再涂抹一次，然后向鱼缸中喷洒呋喃西林，让呋喃西林浓度保持在1～1.5毫克/千克，或用敌百虫喷洒鱼缸，让敌百虫浓度保持在0.3～0.7毫克/千克即可。

（续表）

小瓜虫病	鱼体的体表、鳍条以及腮上出现白点状脓包，严重时皮肤或鳍条上满是白点或白色黏液；鱼体的鳍条破损，漂浮在水面不游动。	春末夏初或秋季，鱼缸内观赏鱼过多、温度在15～25℃时，容易发生。	方法一：用温度在15℃以下、浓度在2毫克/千克的硝酸亚汞溶液浸洗1.5～2小时，然后在干净的鱼缸中饲养1～2个小时，去掉鱼体上死去的虫子和黏液。 方法二：用温度在15℃以下，浓度0.2毫克/千克的硝酸亚汞喷洒鱼缸。 方法三：用温度在17℃～22℃，浓度167毫克/千克的冰醋酸溶液浸洗鱼体15分钟左右，以后每间隔3天清洗一次，清洗2～3次即可。
三代虫病	初期观赏鱼表现得极度不安，常在水草和鱼缸边摩擦、碰撞，随后食欲减退，游动变慢。	全年均能发生，以4～10月最常见。	方法一：用浓度20毫克/千克的高锰酸钾溶液浸洗鱼体。 方法二：用浓度0.2～0.4毫克/千克的晶体敌百虫溶液喷洒鱼缸。
鱼虱病	当鱼虱寄生于鱼体时，观赏鱼变得极度不安，甚至跳出水面，在水中急速游动。当鱼体的一侧有多个寄生虫时，鱼体就会失去平衡。患病的观赏鱼食欲不振，伤口处出现炎症。	江浙地区于5～10月最常见，北方地区于6～8月最常见。	方法一：用3%的食盐水浸泡鱼体15分钟左右。 方法二：将90%的晶体敌百虫稀释成0.25～0.5毫克/千克的溶液喷洒到鱼缸中即可。

非营养性疾病

疾病名称	发病症状	发病时间	治疗方案
中暑或闷缸	此疾病通常发生在炎热夏季的午后，主要是因为水中温度过高，使水中的溶氧量下降所致。在天气闷热、气压偏低或水温较高，同时又遇到阵雨或暴雨时，容器中的水体温度变化过快，造成水体上下对流迅速，沉积在池塘内部的粪便上下浮动，造成水体缺氧，鱼体不得安宁，久浮在水面，脱水而亡。	在刚开始时出现呼吸困难、体色变浅、嘴巴周围或鳍部充血等症状，鱼体长久浮在水面上，直到失去知觉，脱水死亡。	在炎热的夏季，每天上午 9 点左右用遮帘布遮盖，防止因阳光强烈照射而引起中暑。对于刚刚停止呼吸的观赏鱼，将它放到温度较低的水体中，并同时滴入 2 ~ 3 滴双氧水或用充气泵补充氧气来急救。此外，还可以做人工呼吸，对着鱼嘴用力吹气。将刚刚抢救成活的鱼，放到嫩绿水中饲养，并停止喂食 1 ~ 2 天，同时避免阳光照射，等到鱼体恢复健康后再投喂。
鱼镖失调症	此疾病主要是因为投喂饵料不足，或夏秋季节营养较差，导致体内脂肪含量较少，让鱼体抵抗低温的能力降低，从而导致鱼体内的鳔功能失调，进而引起位置感觉失调的一种病症。	在冬季温度较低时，观赏鱼横七竖八地躺在鱼池底部，用手触动一下就游动，一会儿就又躺卧在鱼池底部。鱼不会死亡，但严重时鳞片会脱落。	将出现上述症状的病鱼集中放到一起饲养，此时要提高水体的温度，增加投喂饵料的次数，让病鱼恢复正常。对患有鱼镖失调症且有背鳍的观赏鱼，可以在它的背鳍上穿上一根线，上面吊上浮物，让鱼体在水中保持平衡，两周后即可恢复鱼鲠的功能。
浮头	观赏鱼出现此病症，主要是由于水中的溶氧量不足所致。而这主要是由于长期没有更换容器中的水体、鱼体的放养密度过大、天气突然变化、气压过低、水中的腐殖质或浮游生物太多等造成的。	观赏鱼漂浮在水面上，吞吐空气。	此时要查出原因对症下药。可以采取及时更换新水、降低放养密度、及时补充水中氧气等措施。

（续表）

气泡病（烫尾病）	主要是因为水体中的溶氧量太过饱和而引发的一种疾病。	在病鱼的体表、腮丝或肠子处出现大小不同的气泡，让身体失去平衡，尾巴向上头向下漂浮在水面上，没有力气游动，无法摄食。严重时气泡处出现溃烂，失去观赏价值。	夏季高温时，注意遮阳，使水质保持新鲜，这样就可以有效预防此疾病发生。发病时及时用新水代替一部分旧水，或者将鱼体放到新水中静养 1 ～ 2 天；还可以用充气泵去除掉水中一部分氧气。对于患有外伤的病鱼，可以在伤口上涂抹一些红汞水，之后放在消毒液中浸泡 5 ～ 6 分钟，2 ～ 3 天就可以痊愈。此外，还可以向水中撒适量食盐消毒。
感冒	水体的温度骤变达到 5℃之上，鱼体会因为承受不了水体骤然的温度变化刺激而发病。	此时鱼体会静止不动，漂浮在水面上，皮肤和鳍失去原有光泽，颜色变暗淡。严重时鳍条会黏在一起，不能舒展开，体表出现一层灰白色的物质。此时摄食量减少，逐渐消瘦直到死亡。	在换水时，温差不要太大，就能很好地防止观赏鱼发生此病了。对于病鱼，可以将水体的温度调得高一些，然后投喂新鲜活饵料或优质颗粒饲料，并放在安静的环境中饲养；让水温保持在一定范围内，用小苏打或浓度 1% 的食盐水浸泡病鱼，增加光照，就可以让病鱼逐渐恢复健康了。
营养缺乏症	投喂饲料单一，营养不全面，饲料中脂肪在氧气的作用下形成过氧化物，或长时间投喂不新鲜的饵料，让观赏鱼的肝脏出现代谢异常从而发生此病。此外，因为饲料中缺少维生素造成体表组织损伤，继而引发细菌感染导致溃疡。	鱼体游动缓慢，体色暗淡，出现食欲不振等现象，大部分病鱼患有脂肪肝综合征，严重时体表会出现溃疡，肝脏会肿大、发黄甚至坏死，脊柱弯曲，身体出现畸形等。	平时注意避免投喂不新鲜的饵料，并在饵料中添加一些维生素。在投喂冷冻的新鲜饵料时，需要解冻后用清水清洗干净再投喂。

（续表）

意外中毒	此种情况多为农药中毒，在家中为了美化环境，将水族箱和花盆等放在一起，在对花草喷洒农药时，忘记了在水族箱上加盖或移走，让农药进入水族箱的水体中，导致鱼中毒死亡。	死亡。	在给花草喷洒农药时，一定要为水族箱加盖或将移走；清洗过滤棉时，最好不要使用洗衣粉或肥皂；在发生中毒事件后要及时换水并查明原因。
外伤	由操作不当引起，或鱼缸中有尖锐的物体划伤鱼体等。	出现伤口或感染。	直接在有外伤的地方涂抹红药水，每天 1 ~ 2 次即可。将鱼体放在四环素、土霉素或青霉素的稀释溶液中浸泡，浓度保持在 1 ~ 2 毫克 / 千克即可。向伤口处涂抹红霉素软膏、四环素软膏等，然后再放到浓度为 2 毫克 / 千克的四环素溶液中浸泡。